~~~~~~~~~~~~~~~~~~~~~~~~~~~~~~ 中国国家文化公园丛书

丛书主编　韩子勇

大运河 国家文化公园 100问

姜师立 / 著

南京出版传媒集团 南京出版社
~~~~~~~~~~~~~~~~~~~~~~~~~~~~~~

图书在版编目（CIP）数据

大运河国家文化公园100问 / 姜师立著. -- 南京：南京出版社, 2023.6

（中国国家文化公园丛书）

ISBN 978-7-5533-4237-5

Ⅰ. ①大… Ⅱ. ①姜… Ⅲ. ①大运河－国家公园－中国－问题解答 Ⅳ. ①S759.992-44

中国国家版本馆CIP数据核字（2023）第094328号

丛 书 名　中国国家文化公园丛书
丛书主编　韩子勇
书　　名　大运河国家文化公园100问
作　　者　姜师立
出版发行　南京出版传媒集团
　　　　　南 京 出 版 社
　　社址：南京市太平门街53号　　　　邮编：210016
　　网址：http://www.njcbs.cn　　　　电子信箱：njcbs1988@163.com
　　联系电话：025-83283893、83283864（营销）　025-83112257（编务）

出 版 人　项晓宁
出 品 人　卢海鸣
责任编辑　冯展君
装帧设计　王　俊
责任印制　杨福彬

排　　版　南京新华丰制版有限公司
印　　刷　南京顺和印刷有限责任公司
开　　本　787 毫米 × 1092 毫米　1/16
印　　张　13.5　　插页2
字　　数　176千
版　　次　2023年6月第 1 版
印　　次　2023年6月第 1 次印刷
书　　号　ISBN 978-7-5533-4237-5
定　　价　39.00 元

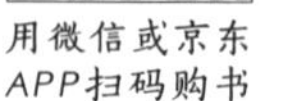

用淘宝APP
扫码购书

编 委 会

丛书顾问 韩子勇

主　　任 卢海鸣

副 主 任 樊立文　朱天乐

委　　员 （按姓氏笔画排序）

任　慧　李后强　李德楠　张　野

姜师立　徐　智　徐吉军　高佳彬

程遂营　裴恒涛

丛书主编 韩子勇

总 策 划 卢海鸣　朱天乐

统　　筹 王晓晨

总　序

如果只选一个字，代表中华文明观念，就是“中”。

一个“中”字，不仅是空间选择，也是民族、社会、文化、情感、思维方式的选择。我们的早期文明中很重要的一件事，就是立“天地之中”——确立安身立命的地方。宅兹中国、求中建极、居中而治、允执厥中、极高明而道中庸……求中、建中、守中，抱元守一，一以贯之，这是超大型文明体、超大型社会得以团结统一、绵绵不绝、生生不息的内在要求。

“中”是“太初有言”，由中乃和，由中乃容，由中乃大，由中乃成，由中而大一统。所谓“易有太极，是生两仪，两仪生四象，四象生八卦”（《易传 · 系辞上》），八卦生天地。一个“中”字，是文明的初心，是最早的中国范式，是中华民族的“我思故我在”，是渗透到我们血脉里的DNA，是这个伟大共同体的共有姓氏。以中为中，俯纳边流，闳约深美，守正创新。今天，中国共产党人带领中国人民，在中国式现代化征程中，努力建设中华民族现代文明。一幅中华民族伟大复兴的壮丽画卷，正徐徐展开。

习近平总书记指出：“一部中国史，就是一部各民族交融汇聚成多元一体的中华民族的历史，就是各民族共同缔造、发展、巩固统一的伟大祖国的历史。各民族之所以团结融合，多元之所以聚为一体，源自各民族文化上的兼收并蓄、经济上的相互依存、情感上的相互亲近，源自中华民族追求团结统一的内生动力。正因为如此，中华文明才具有无与伦比的包容性和吸纳力，才可久可大、根深叶茂。”“我们辽阔的疆域是各民族共同开拓的。”“我们悠久的历史是各民族共同书写的。”“我们灿烂的文化是各民族共同创造的。”“我们伟大的精神是各民族共同培育的。”长城、大运河、长征、黄河、长江，无比雄辩地印证了“四个共同”的中华民族历史观。建好用好长城、大运河、长征、黄河、长江国家文化公园，打造中华文化标识，铸牢中华民族共同体意识，夯实习近平总书记“四个共同”的中华民族历史观，是新时代文化建设的战略举措。最近，习近平总书记在文化传承发展座谈会上发表重要讲话，指出中华文明具有突出的连续性、突出的创新性、突出的统一性、突出的包容性和突出的和平性五个特性。长城、大运河、长征、黄河、长江，最能体现中华文明这五个突出特性。目前，国家文化公园建设方兴未艾，在紧锣密鼓展开具体项目、活动和工作时，扎扎实实贯彻落实好习近平总书记关于“四个共同”“五个突出特性”等重要指示精神，尤为重要，正当其时。

“好雨知时节，当春乃发生。”南京出版社，传时代新声，精心组织专家学者，及时策划、撰写、编辑、出版了这套国家文化公园丛书。我想，这套丛书的出版，对于国家文化公园的建设者，对于急于了解国家文化公园情况的人们，都是大有裨益的。

国家文化公园专家咨询委员会总协调人、长城组协调人，中国艺术研究院原院长、中国工艺美术馆（中国非物质文化遗产馆）原馆长

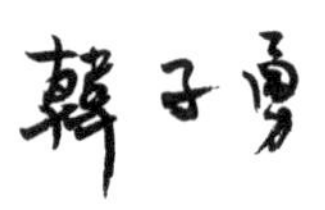

2023 年 6 月

目 录

序 篇

第一篇 历史文明

第二篇　文化艺术

第三篇　科学技术

第四篇　绿色生态

序篇

1

什么是中国大运河？它由哪十个河段组成？

这里所说的大运河是中国大运河的概念。它是 3 条运河的总称：第一条是始凿于公元前 486 年，于隋代贯通的以洛阳为中心，北到涿郡（今北京）、南到余杭（今杭州）的隋唐大运河；第二条是于元代裁弯取直的京杭大运河；第三条是从杭州到宁波的浙东运河。中国大运河全长近 3200 千米，最早的河段开凿于 2500 多年前，是世界上长度最长、开凿较早及使用历史最久的人工运河。

中国大运河概念的形成有一个过程。历史上，大运河一般是指贯通于隋代的隋唐宋大运河；元代以后，随着隋唐大运河的废止，大运河则指的是贯通于元代的元明清大运河；因为连接北京和杭州，20 世纪 50 年代，被称为“京杭大运河”。随着申报世界遗产工作的推进，专家发现用“京杭大运河”不能涵盖整个大运河，于是提出了中国大运河的概念。2008

年在扬州成立大运河保护与申遗城市联盟时，参与的城市只有隋唐大运河和京杭大运河沿线33座城市，当时大运河包括隋唐大运河和京杭大运河。直到2009年，从文化遗产保护和国家对内对外经济文化交流的战略出发，提出了要将浙东运河列入中国大运河，这样可以通过中国大运河将陆上丝绸之路和海上丝绸之路连接在一起。因此，浙东运河沿线的宁波、绍兴也被列入大运河保护与申遗城市联盟。这时，完整的中国大运河概念才出现。

中国大运河沿途经过北京、天津、河北、山东、河南、安徽、江苏、浙江8个省级行政区。南北向运河北至北京，南至浙江杭州，纬度30° 12′—40° 00′；东西向运河西至河南洛阳，东至浙江宁波，经度112° 25′—121° 45′。它沟通了海河、黄河、淮河、长江、钱塘江五大水系，流经35座城市，流经市域面积达311269.97平方千米，占陆地国土面积3.2%；沿线人口（2008年）占全国人口的15.22%；沿线35个城市生产总值占全国生产总值总量（2010年）的25.08%。[①] 大运河国家文化公园建设的范围就是中国大运河的范围。

中国大运河是一个复杂变化的时空体系，由10个始建于不同年代、处于不同地区、各自相对独立发展演变的河段组成。依据历史时期大运河的分段和命名习惯，大运河总体上分为：通济渠（汴河）段、永济渠（卫河）段、淮扬运河段、江南运河段、浙东运河段、通惠河段、北运河段、南运河段、会通河段、中（运）河段。这些河段大多历经了复杂的发展过程，其构成、主要特点在不同历史阶段存在着较大的差异。但7世纪和13世纪的两次大沟通，将这些河段改造、连接起来，组成了贯通中国南北的中国大运河，并持续运行了数个世纪。这对中国和世界产生了巨大而深远的影响。

① 该数据来自大运河申遗时的资料。

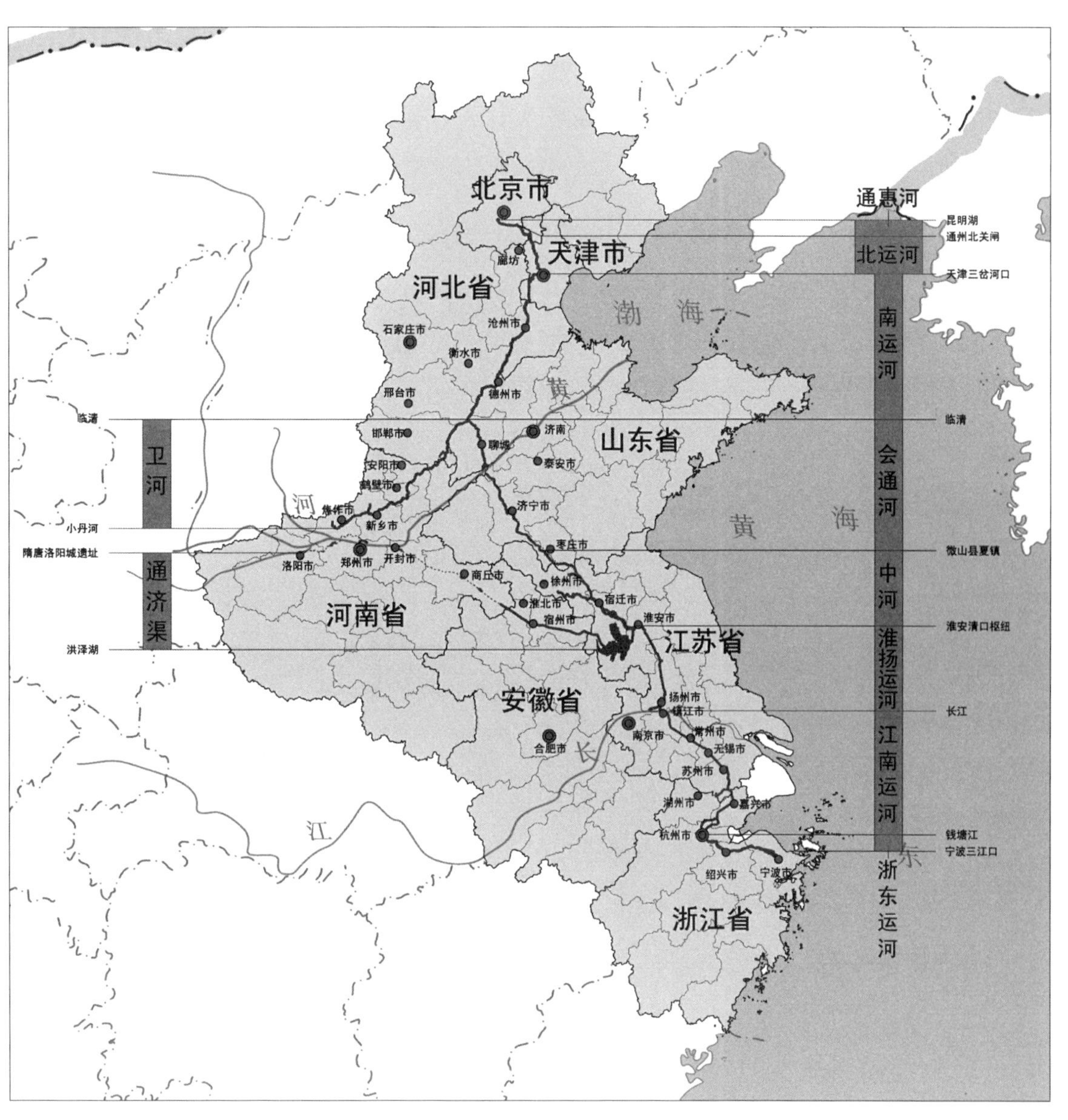
北京市
天津市
河北省
山东省
河南省
江苏省
安徽省
浙江省
渤 海
黄 海
东
通惠河
北运河
南运河
会通河
中河
淮扬运河
江南运河
浙东运河
卫河
通济渠
昆明湖
通州北关闸
天津三岔河口
临清
微山县夏镇
淮安清口枢纽
长江
钱塘江
宁波三江口
小丹河
隋唐洛阳城遗址
洪泽湖
廊坊
沧州市
石家庄市
衡水市
德州市
邢台市
济南
邯郸市
聊城
泰安市
安阳市
鹤壁市
焦作市
新乡市
济宁市
洛阳市
郑州市
开封市
枣庄市
商丘市
徐州市
淮北市
宿迁市
宿州市
淮安市
扬州市
镇江市
南京市
常州市
合肥市
无锡市
苏州市
湖州市
嘉兴市
杭州市
绍兴市
宁波市
黄
河
长
江

中国大运河区域图

2

大运河的主要特征是什么?

大运河承载了中华民族生生不息、传承永续、多元一体的重要标志性文化元素，集中展现了中华民族在国家发展进程中的伟大智慧、坚强决心、拼搏精神和家国情怀。它主要有以下几个特征。

延续使用时间长。大运河始凿于公元前 5 世纪的春秋时期，是具有 2500 多年历史的活态遗产。隋唐时期，在疏浚既有河道基础上，以洛阳为中心，建成了南起余杭北至涿郡的隋唐大运河。元代时期，通过通济渠、永济渠裁弯取直和开凿济州河、会通河、通惠河，形成了元代大运河的骨架雏形。明清时期，京杭大运河逐渐成为南北水运的主干线。直到今天，大运河仍发挥着防洪排涝、输水供水、内河航运、生态景观等重要的功能。

地理空间跨度大。大运河全长近 3200 千米，分为京杭大运河、隋唐大运河、浙东运河 3 个部分，地跨北京、天津、河北、山东、河南、安徽、江苏、浙江 8 省（市），连通海河、黄河、淮河、长江和钱塘江五大水系，是中国古代南北交通的大动脉，也是世界上跨越纬度最多和最长的运河。

文化遗产资源多。大运河是世界水利工程史上的伟大创造，汇聚了中国古代众多先进水利思想与水工技艺精华，沿线 8 省（市）各类水工遗存、运河故道、名城古镇等物质文化遗产超过 3000 项，已被列入世界文化遗产的河道遗产、水工遗存、附属遗存及相关遗产共计 85 处，国家级非物质文化遗产超过 500 项，以全国爱国主义教育基地为代表的红色文化资源 140 余项。同时，运河沟通融会京津、燕赵、齐鲁、中原、淮扬、吴越等地域文化，以及水利文化、漕运文化、船舶文化、商事文化、饮食文化等文化形态，是我国优秀传统文化、革命文化高度富集的区域。

经济社会发展好。大运河沿线 8 省（市）是“一带一路”倡议、京津冀协同发展、长江经济带发展、长江三角洲区域一体化发展等重大倡议和发展战略的关联区域，以不足全国 10% 的土地，承载着全国约 1/3 的人口，贡献了全国近一半的经济总量，整体发展水平较高。近年来，大运河沿线文旅融合、特色生态、数字科技等业态发展和景观打造、河道整治、环境保护等工作成效突出，城乡建设品质持续提升，为探索大运河国家文化公园建设奠定了基础。

因此，通过建设大运河国家文化公园，深入阐释和生动展现大运河在推动中国历史和中华文明发展进程中的重要作用，是意义重大和影响深远的。

鸟瞰淮扬运河

3

大运河国家文化公园与其他国家文化公园的突出差异在哪里?

文化的资源不一样。大运河作为世界文化遗产，是祖先留给我们的宝贵财富，是中华文明的重要标志。大运河是人工运河，经历了2500多年不断的运行和维护，与长江、黄河等自然属性较强的国家文化公园相比，其人文的因素更重。大运河是文化交流的纽带，是中华文脉，它促进了不同文化的交流，促进了中华民族多元一体文化的形成，文化融合性更强。因此，建设大运河国家文化公园应更加注重其文化属性，使大运河国家文化公园成为展示中华文明、彰显文化自信的重大载体。大运河是优秀传统文化高度富集的区域，留下了数不胜数的历史遗存，积淀了深厚悠久的文化底蕴，传承着中华民族的灿烂文明。建设大运河国家文化公园，深入挖掘以大运河为核心的历史文化资源，打造呈现运河历史风貌、演进过程和时代风采的展示体系，有利于彰显中华优秀传统文化持久影响力和社会主义先进文化强大生命力，不断增强文化自觉和文化自信。

建设的路径不一样。大运河是活态的遗产，一直在使用中。与其他世界遗产相比，大运河的原始功能仍然存在，它的航运功能依旧很强，其中京杭大运河黄河以南段通航河段约1050千米，船舶平均载重约800吨，完成年货运量约5亿吨。其不但作为南水北调东线的输水通道，而且在江淮地区暴雨形成洪涝时，也能排涝入江，保证里下河地区6600多平方千米农田稳产丰收。因此，建设大运河国家文化公园要更多地考虑大运河的在用功能，优先保证大运河的实际功用，发挥其作为黄金水道的功能。同时也要保证其发挥水利、生态功能，保证南水北调东线工程通过大运河向北方输送优质的水源。要将大运河国家文化公园作为服务国家重大战略、促进城乡区域协调发展的重要途径。大运河纵贯南北，处于“一带一路”倡议、京津冀协同发展、长江经济带发展、长江三角洲区域一体化发展、淮海经济区协同发展、中原经济区等国家重大倡议和发展战略叠加的特殊区位。建设大运河国家文化公园，发挥大运河沿线经济发达、城镇密集、文化繁荣的综合优势，加强沿线省市的交流合作，大力实施区域协调发展战略，统筹各级各类资源有序合理开发，有利于深度融入国家重大战略，推动形成沿线城乡联动发展格局，为更高层次区域协调发展开辟新空间、新路径。

建设的目标不一样。大运河与人的生活联系更密切，它与国家的命运联系更广泛。它既是中国大一统国家观的见证，同时还是沿线人民的“母亲河”。因此，建设大运河国家文化公园要更多地从国之命脉这一着眼点出发，体现大运河与中国大一统国家观的关系，还要注重其与人民生活之间的密切关系，打造和谐的生活圈。大运河国家文化公园建设是一项包含文化、经济、生态文明建设的系统性工程。在生态文明的背景下，大运河国家文化公园还是建设美丽中国、推动高质量发展的有力抓手。建设大运河国家文化公园，推动运河文化创造性转化、创新性发展，加强沿线生态环境保护修复，适度发展文化旅游、特色生态等产业，以文化为引领，统筹沿线经济、城乡、环境等高质量发展，将为建设美丽中国注入新动能、新活力。

大运河国家文化公园与其他国家文化公园也有相互联系。要通过五大国家文化公园的有效衔接，共同体现中华优秀传统文化的丰富内涵和永久魅力，将其打造成为新时代文明交流互鉴的重要载体。

4

大运河国家文化公园建设涉及哪些地方？建设内容是什么？

按照《长城、大运河、长征国家文化公园建设方案》，大运河国家文化公园建设的范围，包括京杭大运河、隋唐大运河、浙东运河3个部分，通惠河、北运河、南运河、会通河、中（运）河、淮扬运河、江南运河、浙东运河、永济渠（卫河）、通济渠（汴河）10个河段。涉及北京、天津、河北、江苏、浙江、安徽、山东、河南8省（市）。具体范围包括京杭大运河和浙东运河、隋唐大运河主河道及重要支流沿线的设区市，包含河北雄安新区白洋淀与大运河连通部分，辐射8省（市）内的其他设区市。

大运河国家文化公园根据以上区域内的文化遗产和文化资源整体布局、禀赋差异及周边人居环境、自然条件、配套设施等情况，结合国土空间规划，重点建设管控保护、主题展示、文旅融合、传统利用4类主体功能区，明确差异化建设保护重点，打造大运河国家文化公园实体。

管控保护区是由大运河世界文化遗产区和缓冲区、与大运河存在直接关联的其他世界文化遗产的遗产区、与大运河相关的全国重点和省级文物保护单位保护范围和建设控制地带，以及新发现发掘与大运河相关的文物遗存临时保护区组成，切实加强各类文物和文化遗产资源保护。

主题展示区是由具备开放参观游览条件、地理位置和交通通达便利的特色文物和文化遗产资源，周边与之文脉关联、风貌统一的区域环境，以及其他布局分散但具有特色文化意义和体验价值的资源点组成。具体包括核心展示园、集中展示带、特色展示点3种形式，着重构建形成多维展示格局，健全综合展示体系，丰富展示体验方式，充分发挥文化传承和价值传播功能。

文旅融合区是由主题展示区及其周边就近就便和可看可览的历史文化、自然生态、现代文旅优质资源组成，加强优质文艺产品开发，提升文化旅游发展质量，系统整合相关产业，利用文物和文化资源的外溢辐射效应，彰显地域性文化旅游特色和独特内涵，以文化旅游为主导产业推进地区经济一体化高质量发展，更好发挥经济社会综合效益。

传统利用区是由管控保护区、主题展示区、文旅融合区之外的城乡居民和企事业单位、社团组织的传统生活生产区域组成，着力保护传统文化生态，推动发展绿色产业，规范生产经营活动，逐步形成绿色生产生活方式。同时，区域内集聚了各类生活生产资源要素，有力支撑文物与文化资源的保护传承和利用，实现协调发展。

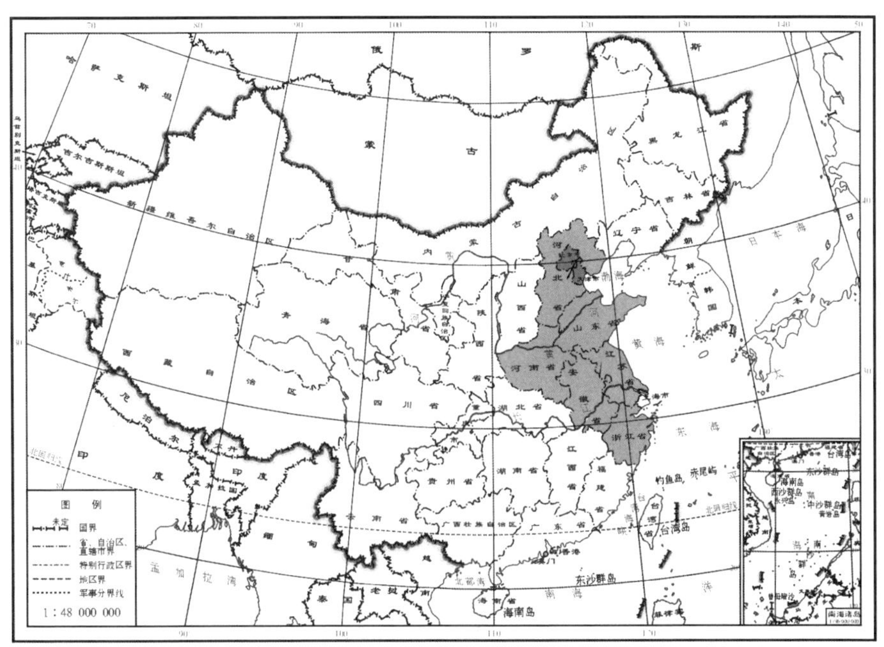

审图号：GS(2016)1600号　　自然资源部 监制

大运河国家文化公园所涉省（市）示意图

~~~~~~ 5

大运河国家文化公园的重点建设段是哪里？为什么？

大运河国家文化公园的重点建设段是江苏。2019年1月，文旅部表示，我国将重点打造长城、大运河、长征3个主题的国家文化公园，同时确定河北、江苏、贵州分别作为长城、大运河、长征国家文化公园的重点建设区。江苏作为大运河国家文化公园重点建设区，具有较强的资源优势和工作基础。

一是因为大运河江苏段是全线历史最为悠久、文化遗存最为丰富、活态利用最好的段落。江苏是大运河起源地，大运河江苏段主线纵贯南北约690千米，沿途流经徐州、宿迁、淮安、扬州、镇江、常州、无锡、苏州，通过支流串联南京、泰州、南通、盐城、连云港。江苏是大运河沿线文化资源、遗产资源最多的省份。大运河江苏段被列入世界文化遗产要素28个，遗产河段长度325千米，均占全线的1/3；运河遗产遗存、非物质文化遗产数量均为全线最多；沿线拥有国家历史文化名城13座、中国历史文化名镇29座、中国历史文化名村12座；催生出漕运文化、水工文化、盐业文化、邮驿文化、工商文化等各具特色、丰富多彩的文化形态，塑造了江苏“水韵”“书香”等人文特色。当前，大运河江苏段通航里程690千米，占京杭大运河通航里程的3/4；年货运量约5亿吨，占京杭大运河货运量近80%。2020年，大运河江苏段以占全线8省（市）12%的面积，贡献了全线约24%的地区生产总值，区域发展水平居全国前列，为推进大运河国家文化公园建设保护奠定了坚实基础。

二是因为大运河江苏段文化遗产保护工作基础扎实。江苏有8个城市
~~~~~~

参与了大运河保护与申遗工作。扬州是大运河申遗和大运河遗产保护管理的牵头城市，受国家文物局委托成立了大运河联合申报世界文化遗产办公室（后更名为大运河遗产保护管理办公室），每年组织召开大运河保护与申遗工作会议，较好地发挥了大运河申遗的牵头协调作用。在大运河文化保护方面，实施了一系列运河遗产修复工程，连续举办了14届中国扬州运河名城博览会和世界运河城市论坛，带领沿线城市一道为大运河申遗成功做出了积极贡献。江苏在大运河保护与申遗过程中，积累了丰富的大运河保护管理的经验，建立了保护大运河文化遗产的联动协作机制，成为大运河国家文化公园建设的成功探索。

三是因为江苏率先启动大运河文化带建设相关工作。江苏制订了《江苏省人大常委会关于促进大运河文化带建设的意见》，实施南水北调东线源头水质保护工程，规划建设了1800平方千米的江淮生态大走廊；连续

千帆竞发的大运河江苏段

成功举办了4届江苏省大运河文化旅游博览会，通过不断扩容，将13个设区市全部纳入大运河国家文化公园建设中。同时，江苏实施了一系列大运河文化带建设样板工程：扬州勇挑重担，走在前列，建成并开放扬州中国大运河博物馆；苏州将大运河文化带建设融入城市发展中；无锡将大运河文化带建设与人民生活紧密结合；等等。这些都为打造大运河国家文化公园江苏样板奠定了基础。

6

大运河国家文化公园建设与大运河文化带建设之间的关系如何？

大运河国家文化公园建设与大运河文化带建设之间的共同之处有——

都是为了推动优秀传统文化保护传承。大运河时空跨度长、地域面积广、遗产类别多、文化价值高，历史与现实相互交融，蕴含着深厚的精神内涵，承载着丰富的时代价值。两者都是为了加强大运河所承载的丰厚优秀传统文化的保护、挖掘和阐释，推动大运河文化与时代元素相结合，焕发新的生机活力，为新时代中华优秀传统文化的传承发展提供强大动力。

都是为了促进区域创新融合协调发展。大运河是贯通南北的文化长廊，也是联系不同区域的重要经济动脉和生态廊道，拥有极为丰富的文化、生态、航运资源。两者都是为了紧密结合国家重大区域协调发展战略实施，加强大运河承载资源的合理开发利用，推进文化旅游和相关产业融合发展，以文化为引领促进区域经济高质量发展、当地社会和谐繁荣，为新时代区域创新融合协调发展提供示范样板。

都是为了深化国内外文化交流与合作。大运河自古以来就是全国各民族各地区交融互动的关键纽带，也是中外文明交流互鉴的前沿地带，对国内外文明发展都产生了深远影响，是中华民族留给世界的宝贵遗产。两者都是为了强化大运河精神内涵和时代价值的挖掘和弘扬，谋划国际传播与交流，借鉴国际经验，为新时代讲好中国故事，更好展现真实、立体、全面的中国提供重要平台。

都是为了展示中华文明、增强文化自信。大运河记录了中国历史，见证了中华文明的源远流长和中华民族的勤劳智慧。两者都是为了加强保护传承和利用，坚定文化自信，促进社会主义文化繁荣兴盛，弘扬和践行社会主义核心价值观，更好构筑中国精神、中国价值、中国力量，增强国家文化软实力，为新时代建设社会主义文化强国、实现中华民族伟大复兴中国梦提供重要支撑。

两者之间的区别有——

从空间上看是点和面关系，大运河文化带建设是面，而大运河国家文化公园建设就是突破点。从建设时间上看，一项是一定历史时期的长期工作，一项是阶段性的任务（大运河国家文化公园的建设周期是从 2022 年到 2025 年，而大运河文化带建设的周期则是从 2018 年到 2050 年）。从路径上看，大运河文化带建设是一项综合性的工作，而大运河国家文化公园建设是专项的工作，是对各种资源的更好整合。建设大运河国家文化公园，通过整合具有突出意义、重大影响、重要主题的文物和文化资源，实施公园化管理运营，创新体制机制，突出完整保护、活化传承和适度发展，将为推进文化治理体系和治理能力现代化提供有益探索。要处理好两者之间的关系，将大运河国家文化公园建设纳入文化带建设规划之中，以国家文化公园建设为突破口，带动面上的大运河文化带建设，探索出保护、传承和利用大型线性文化遗产的“运河模式”。

第一篇 历史文明

7

中国大运河经历了哪几个发展阶段？

大运河历经 2500 余年的持续发展与演变，直到今天仍发挥着重要的交通与水利功能。大运河的主体工程建设主要集中在以下 3 个时期。

一是春秋战国时期（公元前 5 世纪至公元前 3 世纪）。各诸侯国出于战争和运输的需要竞相开凿运河，但都各自为政，规模不大，时兴时废，没有形成统一体系。这一时期最著名的事件是邗沟的开挖。吴王夫差为了北上伐齐，开挖了邗沟。它沟通了淮河与长江，成为中国大运河河道成型最早的一段，并作为重要的区域性交通要道得到不断的维护与经营。

二是隋炀帝时期（7 世纪初）。为了连通南方经济中心和满足对北方的军事需要，在统一的规划、建设和管理下，隋朝政府先后开凿了通济渠、永济渠，并重修江南运河和疏通浙东航道，从而将前一时期的各条地方性运河连接起来，形成了以洛阳为中心，北抵涿郡、南达宁波的大运河体系，完成了中国大运河的第一次全线贯通。大运河在唐代和宋代得到维系和发展。

三是元代时期（13 世纪后期）。由于中国的政治中心从关中地区迁移到北京，皇帝忽必烈组织开凿了会通河、通惠河等河道，从而将大运河改造为直接沟通北京与江南地区的内陆运输水道，形成中国大运河的第二次南北大沟通。明清两代维系了大运河的这一基本格局，并进行了多次大规模的维护与修缮，使大运河一直发挥着漕粮北运、维系国家稳定繁荣等重要功能。

自明成祖朱棣迁都北京直至清灭亡的近 500 年间，北京一直是全国的政治经济中心。为了保障漕运的持续畅通，明清政府投入了巨大的人力和物力，在元代大运河的基础上不断对其进行整治、修葺，陆续新建、改建多处河道和水工设施，并不断完善漕运管理制度和机构。其中，为了减少清口以北借黄河行船所带来的危险，1686 年至 1688 年，清政府在宿迁、淮安之间与黄河故道平行的东侧组织开凿了中河。中河的建成标志着大运河彻底脱离了借自然河道行运的状况，完全实现了人工的控制。此外，随着社会经济的进一步发展，大运河成为联系全国经济的交通大动脉，其沿岸形成了一批转口贸易城市和商业城市，促进了运河沿岸城市商业的繁荣。

1855 年 8 月，黄河在今兰考铜瓦厢决口，于阳谷张秋镇穿过运河夺大清河入海，不仅影响航道，还造成了运道补水不足、通航困难。清政府虽采取了许多措施，但仍未能从根本上解决问题。到了清末，由于内忧外患，清政权岌岌可危，无力顾及运河之事，因此逐渐放弃了修复运河的计划，宣布各省漕粮全部改折银两交纳，也陆续裁撤运河及漕运管理机构。至此，沟通南北的大运河逐渐中断，变为多条局部通航的地区性运河，除江南、淮扬、浙东运河和会通河、中河及南北运河等河段外，其他河段渐渐淤废。民国时期虽然曾有过重开运河的计划，但仅限于纸上谈兵而已。一直到了新中国时期，大运河才重新焕发生机。

图 1-1　古邗沟遗址——大运河最早的一段河道

8

今天的中国大运河状况怎样?

历经2500余年的持续发展与演变,大运河仍发挥着重要的交通、运输、行洪、灌溉、输水等作用,是沿线地区不可缺少的重要水上通道。

新中国成立后,政府一直对大运河进行着修复和整治工作。经过数十年的现代化治理,大运河北方段的部分河道恢复航运,山东济宁以南的870多千米的连续河道一直保持畅通,成为连接山东、江苏、浙江3省,沟通淮河、长江、太湖和钱塘江水系,纵贯中国东部沿海地区的水运主通道,也是世界上最繁忙的运输航道之一。

目前大运河各河段中,淮扬运河扬州段、江南运河苏州段、江南运河嘉兴—杭州段、浙东运河杭州萧山—绍兴段、浙东运河上虞—余姚段、中河宿迁段河道仍然承担着重要的航运功能;通惠河段、会通河段、永济渠(卫河)段、通济渠(汴河)段等有部分河道为遗址状态,但得到了较好的保护;其他河段主要发挥着行洪、输水及灌溉的功能。2022年,京杭大运河全线实现了通水,季节性通航1000多千米。济宁以南至杭州河段的运河上已建成16座通航梯级船闸,其中大型船闸12座。运河及其沿岸河流、湖泊已节节设闸控制,洪水期调蓄,枯水期补给,南水北调东线工程已初具规模。当下,大运河是南北物资运输和长三角经济的水上重要通道,有10万多艘船舶常年航行,其年运输量相当于3条京沪铁路和3个葛洲坝的货运量。如:大运河苏北段是国家北煤南运的“黄金水道”,承担了江苏北部地区经济发展所需的绝大部分原材料运输,年货运量达3.5亿吨;浙北运河网经过航道等级提升改造,货运量从1995年的0.8亿吨增长到2016年的1.12亿吨。同时，我国还大力发展“绿色航运”，在航道整治中引入生态理念，以减少对原有生态环境的破坏。这不仅使货物运输量稳步提高，也使沿线水环境和生态环境得到不断改善。如：苏北段2011年全线达到国家二级航道标准，还专门在航运沿线各船闸实行“GPS一票通”服务，让船员不出船舱就能完成船舶过闸所有流程，在节约燃油的同时大大减少了碳排放量。此外，大运河还发挥着巨大的排涝、灌溉、排洪、供水、沿河城镇建设及环境生态等综合功能。

2006年和2012年，京杭大运河和隋唐大运河、浙东运河分别被国务院公布为第六批和第七批全国重点文物保护单位。2014年，中国大运河成功跻身世界文化遗产行列。

图1-2　今天的大运河航运场景

9

大运河的开凿目的是什么？它的历史价值是怎样的？

中国大运河是世界唯一一个为确保粮食运输安全，以达到稳定政权、维持帝国统一的目的，由国家投资开凿、管理的巨大运河工程体系。可以说，大运河最初开凿的目的是满足军事需求，后来它成为漕运的主要通道。漕运是解决中国南北社会和自然资源不平衡的重要措施，实现了在广大国土范围内南北资源和物产的大跨度调配，沟通了国家的政治中心与经济中心，促进了不同地域间的经济、文化交流，在国家统一、政权稳定、经济繁荣、社会发展等方面发挥了不可替代的作用，产生了重要的影响。它的历史价值主要体现在以下 5 个方面。

其一，政治一统的权杖。中国的大一统观念由来已久。随着秦汉帝国的形成，统治者建立了以皇帝为首的地主官僚中央集权制，并确立了儒学的正统地位。自此，中国逐步成为多民族、大一统的国家。从某种程度上看，秦汉之后的大一统帝国，正是通过大运河这一根强有力的权杖，巩固了皇朝统治，维护了国家统一的局面。

其二，帝国漕运的通道。古代中国的政治中心和军事中心大多坐落在北方，而中国的经济中心自魏晋南北朝后逐渐由北方地区转向南方地区。1000 多年来，中国都处于政治、军事中心与经济中心分离的局面之中。为了紧密联系经济中心和政治、军事中心，保证南方的赋税和物资能够被源源不断地运往北方，满足政治、军事中心的需求，历代帝国政府开辟并维持了大运河这样一条纵贯南北的运输干线，利用其调运专门物资到首都（或军事前沿）。这种专门的运输体系被称作“漕运”，大运河则是漕运的主要通道。

其三，文化融合的纽带。大运河贯通后，江南地区与北方和中原地区紧密联系在了一起，形成了北方和中原文化沿运河南迁的局面，北方的生产技术、生活方式、文化成就促进了南方经济中心的兴起，古代中国的经济中心逐渐转移至江南地区。大量江南士子或游学或求仕，多由运河北上，把江南社会的文化、风俗、生活方式带往中原和北方，促进了中国历史上传统的两大区域——南方与北方之间的相互交流。同时，大运河通过连通陆海丝绸之路成为中外文化交流的纽带，推动了中华民族多元一体文化的产生。

其四，水利工程的奇迹。大运河是世界上延续使用时间最久、空间跨度最大的人工运河，被《国际运河古迹名录》列为世界上“具有重大科技价值的运河”。大运河从 7 世纪形成第一次大沟通直至现在还不断发展和完善，在长达 1400 余年的时间里，针对不同的自然、社会条件变迁，做出了有效的应对，开创了很多古代运河工程技术的先河，形成了在农业文明时代特有的运河工程范例。针对大运河开展的工程难以计数，几乎聚集了在农业文明时代人工水道和水工程的规划、设计、建造技术的全部发展成就。现存的运河遗产类型丰富，全面地展现了传统运河工程的技术特征和发展历史。

其五，沿岸人民的“母亲河”。大运河通过对沿线风俗传统、生活方式的塑造，与运河沿线地区的人民产生了深刻的情感联结，成为沿线人民共同认可的“母亲河”。沿线人民用“不是生母，便是乳娘”来形容与运河的关系。

综上所述，大运河因其独有的技术特征、文化传统，而与其他重要的人工水道包括已列入《世界遗产名录》《中国世界文化遗产预备名单》的运河遗产有着较大的差异，具有不可取代的价值和成就。

10

什么是漕运？为什么会出现漕运？

漕运是中国历史中出现的一种特有的现象。它是由国家政府组织和管理，利用水路（河道或海路）调运专门物资（主要是粮食）到首都（或其他由国家政府指定的重要军事、政治目的地）的专门运输体系。它有着严密的制度保障，并始终以高成本运行，体现出高度的政治性。它是古代中国这个中央集权国家最根本的需求之一，也是最主要的赋税方式和治理国家的统治手段。漕运是一种有效的政治与经济制度，它在广大的国土范围内进行资源的调度、控制和再分配，满足国家战略储备、应急救灾需求，调整社会结构，推动经济发展，维系中央集权国家的稳定，是人类在农业文明时代重要的制度成果之一。

漕运是古代中国集权政治和小农经济结合的产物。全国性统治中心的确立、中央到地方官僚体系的形成、庞大军事体系及全国性社会秩序的建立，促使王朝必须建立一个有序、有保障、以粮食为主体的物资供应体系。然而，以农立国的经济特性，使得统一的集权王朝在建立物资供应体系时，不得不面对广泛而分散的小农经济。这是漕运制度形成和发展的历史动因。古代中国的政治中心和军事中心大多坐落在北方，而由于气候的变化，中国的经济中心自魏晋南北朝后（5世纪至6世纪末）逐渐由北方地区转向南方地区。因此在从5世纪到20世纪初的1000多年中，中国的经济中心与政治、军事中心是分离的。为了紧密联系南方地区的经济中心与北方地区的政治、军事中心，保证南方的赋税和物资能够被源源不断地运往北方，满足政治、军事中心的需求，对于中国历代政府来说，开辟并维持一

图 1-3 ［清］《京杭道里图》局部 浙江省博物馆藏

条纵贯南北的运输干线，就成为极具战略重要性的政治举措和统治需要。为了实现这一目的，古代中央政府大多选择内陆水运的方式，以大运河作为较为安全、快捷的运输通道，不惜投入巨大的人力、物力，不断修建和维护运河河道、水工设施、运输储存设施，并制定与之配套的管理体系，由此逐渐建立起一套完善的政治与经济管理制度，专门负责调运国家战略物资，以保证持续、畅通的运输。

11

漕运是怎么结束的？它的历史意义是什么？

清代末期，伴随着西方资本主义势力的不断涌入，清帝国日趋衰落。1851年爆发的太平天国运动迅速席卷了东南大部分地区，拦腰切断了北上的漕运线。在漕运中断的形势下，清政府被迫将南方大部分的漕粮改为银钱征收，用作镇压起义的军饷，其余部分则委托商船从海道北运。1855年黄河改道后，大运河山东段逐渐淤废，从此漕运主要改经海路。太平天国失败后，漕粮折征款项仍为湘、淮军阀及地方所有，并不上缴朝廷，漕运逐步走向衰落。1873年，洋务派在上海成立了轮船招商局，逐渐将剩余的漕运业务揽走。1901年，清政府下令停止运河漕运，将漕粮改为现钱征收。1905年，漕运总督被裁撤，漕运也随之寿终正寝了。

自隋代至清代，漕运都是重大的国家事务，是古代中国这一巨大的农业帝国保持顺利运行的基本保障之一。在漫长的历史时期里，漕运这一独特的制度和体系跨越多个朝代，稳定地延续了千年，对古代中国的发展产生了巨大的影响。沿大运河持续运行的漕运系统，促进和加强了中国东部经济区域的发展和繁荣，稳定了中国的政治经济格局，保证了国家统一和安全，对古代中国大一统观念的产生和传播起到了重要的作用，更加强了地区间、民族间的文化交流。随着制度的完善和规模的扩大，漕运逐渐突破其早期以政治功能为主的窠臼，发挥着越来越广泛的社会功能，成为维护王朝稳定和制衡社会的重要手段，消弭诸如由重赋、灾祸以及物价波动等造成的社会不安定因素。同时，漕运在促进南北文化交流和区域开发等方面也有着不可忽视的作用。从7世纪初隋代政府建立纵贯中国南北的漕运体系以来，一直到20世纪初漕运终止的1000多年的时间中，沟通中国政治、军事中心与经济中心的大运河一直是漕运首要的运输通道，以至于在很长的时间里，大运河被称作“漕河”。

依托大运河持续运行的漕运这一独特的制度和体系，是维系封建帝国的经济命脉，体现了以农业立国的集权国家独有的漕运文化传统，显示了水路运输对于国家和区域发展的强大影响力，见证了古代中国在政治、经济、社会等诸多方面的发展历程，在历史时空上刻下了深深的文明印记。

12

大运河沿线有哪些著名的漕仓遗址？

历史上，为适应漕运的要求，大运河沿线建有众多的粮仓。这些仓储设施展现了不同历史时期、在大运河关键节点设置的仓储体系规模和形制，见证了大运河作为国家漕运通道的主体功能，也展现出在隋唐时期和明清时期的粮仓建造与粮食保存技术。现存漕仓遗址主要有两类：一类是隋唐运河沿线的含嘉仓、回洛仓、黎阳仓等，这类粮仓修建于隋代和唐代，都建在地下；第二类是元明清大运河沿线的南新仓、富义仓等，这类粮仓修建于明清时期，是建在地面上的砖木结构建筑。

含嘉仓是隋炀帝建东都洛阳城时在城东所建，供东都百官、皇室之需。含嘉仓有粮窖400座以上，每座粮窖储粮约25万千克，据此推断，可储粮超过10万吨。含嘉仓沿用至唐末。

回洛仓是隋代运河沿线的大型国家性漕仓之一，位于洛阳北约 3500 米，是隋代洛阳周边最重要的粮仓。回洛仓始建于隋大业二年（606），后毁于隋末农民战争，沿用时间较短，之后逐渐荒废，埋于地下。据史书记载，回洛仓的粮食到了唐贞观年间依然可以食用，这体现了回洛仓保存粮食水平之高，让后人叹为观止，仓窖的制作工艺一直令外界着迷。

黎阳仓是隋代永济渠沿线规模最大的官仓，与洛口仓（在今河南巩义东北，因地处洛水入黄河之口而得名）齐名，是隋代运河漕运的历史见证。遗址位于河南鹤壁浚县伾山街道办事处东关村东。通过出土的陶瓷标本和地层叠压关系看，自隋代建立起，黎阳仓横跨隋唐宋三代，沿用了 600 多年。

南新仓位于北京东四十条 22 号，是明清两代皇家仓库之一。南新仓于明代修建，清初时为 30 廒，后屡有增建；到乾隆时，已增至 76 廒；民国时，改为军火库；新中国成立后，为北京市百货公司仓库。如今，南新仓遗址被辟为南新仓文化休闲街。

图 1-4　洛阳回洛仓遗址

富义仓是江南运河沿岸保存较完整的古代仓储建筑群，位于杭州拱墅区。富义仓始建于清代光绪年间，是清代国家战略粮食储备仓库。大运河申遗成功后，富义仓被利用为创意文化产业园，其功能从单纯的古建展示、供游人参观演变为以体现“运河文化”“仓文化”“旅游文化”的创意空间。

13

大运河沿线有哪些重要的漕运管理机构遗址？

大运河现存最重要的漕运管理机构遗址是总督漕运公署遗址。这片官署建筑群位于江苏省淮安市淮安区老城中心，毗邻原淮扬运河河道，是明清两代主管南粮北调等漕运工作的朝廷派出机构。

淮安自明初就是连接南北漕运的转输中心，其经济发展与漕运是密不可分的。为了满足漕运之需，明政府特设漕运总督于淮安，督理漕政。明代朝鲜人崔溥所著的《漂海录》记载了作者于成化年间沿运河北上，途经淮安所见的“钞厅”“常盈仓”“漕运府”等情况，佐证了淮安总督漕运公署的历史重要性。

14 世纪（明初），这里是淮安府署、淮安卫指挥使司署；明万历七年（1529），改为漕运总督府；20 世纪初（清末）裁撤漕运总督后，此处公署逐渐废弃。

考古发掘工作表明，整座遗址呈长方形，南北长 133 米，东西宽

图 1-5　淮安总督漕运公署遗址

30.55 米，整体分为东、中、西三路，中轴线上由南向北依次为大门、仪门、大堂、二堂、大观楼、淮河节楼、后院等，与南面的北宋镇淮楼、北面的淮安府署在同一条中轴线上。另外，遗址下 3 米处发现有宋、元代文化层。目前，大堂、二堂、大观楼遗址已按原状保护。

现存部分建筑房基、础石等遗址已经完成保护工程，并对外展示开放，可完整呈现建筑群总体格局。在此基础上，当地建起了中国漕运博物馆，供游客参观游览。

◎ **延伸阅读**

《漂海录》简介

《漂海录》又名《锦南先生漂海录》，是 15 世纪朝鲜人崔溥用汉文撰写的中国见闻录，记述了明弘治初的社会景象。该书讲述了崔溥在明成化二十三年（1487）遭遇风暴，他及同船 43 人从朝鲜济州岛漂到浙江沿岸，经一系列波折之后，沿运河被护送至京城再走陆路回国的经历。其中，提到淮安的篇章是《卷二·二月二十七日》。崔著为研究我国明代政制、海防、司法、运河、交通、城市、地志、民俗以及两国关系等，提供了我国史籍不载或未悉的资料，具有一定的历史价值。

14

大运河沿线有哪些著名的盐运管理机构遗址？

大运河沿线著名的盐运管理机构遗址有两淮盐运使司遗址和阿城盐运司遗址。

两淮盐运使司遗址位于今江苏扬州市区国庆北路上。“两淮”指的是淮南、淮北，泛指今日苏皖两省淮河南北的地方。两淮盐运使掌握江南盐业命脉，向两淮盐商征收盐税，下辖淮安分司、泰州分司等。“盐运使”官名始置于元代，设于产盐各省区，明清相沿，其全称为“都转盐运使司盐运使”，简称“运司”。其下设有运同、运副、运判、提举等官，有的地方则设盐法道，其长官为道员（亦称“道台”“观察”）。这些官员往往兼都察院的盐课御史衔，故又称“巡盐御史”。他们不仅管理盐务，有的还兼为宫廷采办贵重物品，侦察社会情况。

现扬州两淮盐运使司仅存门厅，为省级文物保护单位。建筑坐西朝东，悬山式结构，盖筒瓦，面阔三间，进深五檩；其门厅两侧筑有八字墙，门前有石狮一对，保存完好。2001 年，门厅整修完毕，作为东圈门历史文化街区的西入口景点。

阿城盐运司遗址位于今山东聊城阳谷县阿城海会寺西侧，亦称“运司会馆”“山西会馆”，是聊城运河沿线仅存的古代盐业管理机构遗址，也是明清时期聊城运河经济繁荣的见证。现存建筑有山门、前殿、后殿、配殿等。南北长 72 米，东西宽 47 米。

阿城盐运司建筑技法精湛，大殿柱础雕刻精细传神，木构件制作精巧，彩绘流畅生动，现为省级文物保护单位。文物主管部门对盐运司遗址进行了保护、维修。目前，大部分建筑已修缮完毕，但仍有部分彩绘未恢复。

15

扬州盐业历史遗迹是怎么产生的？具体包括哪些？

隋唐以后，大运河航道逐渐贯通。扬州作为我国海盐生产运输的中心、两淮地区的交通枢纽，借大运河的交通便利，发展成为古代中国最重要的盐业运输和交易的中心城市之一。兴旺的盐业带动了扬州城市的发展，留下了众多与盐业有关的历史建筑遗迹，其中包括个园、何园、汪氏小苑、盐宗庙、卢绍绪宅、汪鲁门宅等。这些以盐商宅第和古典园林为代表的扬州盐业历史遗迹，见证了清代前期由大运河沿线发达的盐业经济所带来的高度的商业文明，以及盐商资本集团的财富集聚对社会文化振兴和城市建设发展产生的影响。

个园是清嘉庆二十三年（1818），两淮盐商“首总”黄至筠在明代寿芝园旧址上建成的宅园，占地面积 2.4 万平方米，建筑面积近 7000 平方米，为前宅后园式江南私家园林。个园的园林部分以“四季假山”为主，结合园林建筑、植物配置及理水，是个园景色的精华。个园是扬州古典园林艺术的杰出代表。

何园是在明代双槐园基础上修建而成的私家住宅园林，它的创始人何芷舠辞官退隐到扬州之前担任过盐官。南为住宅，北为花园，中西合璧。何园中的片石山房系石涛大师叠山作品，堪称“人间孤本”。何园原名“寄啸山庄”，取自陶渊明《归去来兮辞》“倚南窗以寄傲”“登东皋以舒啸”之句。何园的主要特色是把廊道建筑的功能和魅力发挥到极致，其1500米的复道回廊是中国园林中绝无仅有的精彩景观。

汪氏小苑位于东圈门历史街区地官第14号，系盐商汪伯屏所建，建筑面积1700平方米。整体布局规整，分为三纵三横，前后中轴贯穿，左右两厢对称，每进门门相对。小苑4个角落分布着4个花园，是大运河沿线具有代表性的晚清建筑。

盐宗庙位于康山街20号，东、南临扬州古运河，始建于清同治十二年（1873），由两淮众盐商捐建，原有殿宇五进，庙后还有戏台，是祭祀夙沙氏、胶鬲、管仲等盐业历史著名人物的场所。盐宗庙于十三年（1874）改祀曾国藩，更名为“曾公祠”。

卢绍绪宅坐落在康山街22号，是盐商卢绍绪宅第，始建于清光绪二十三年（1897），是大运河扬州段现存规模最大的盐商住宅建筑。现存建筑前后共九进，占地面积约5000平方米（不含园林）。

汪鲁门宅位于古运河边，是盐商汪鲁门于清光绪年间修建的，现存遗产面阔三间，在同一中轴线上，前后九进，其第三进是扬州现存盐商住宅中体量最大、最完整的楠木大厅。

图 1-6　扬州卢绍绪宅

16

大运河沿线有哪些著名的钞关遗址？

明清时期的大运河南北贯通，商贾络绎，征收过往船只、商品的关税遂成为政府的税收来源之一。钞关作为大运河上的税收机关，既是大运河畅通运行的产物，也是商税制度在明代发展的必然结果。明代承金元制度，也称纸币为“钞”，因起初以钞交税，故称税收单位为“钞关”。明代禁海，大运河是全国商品流通的主干，全国八大钞关有七个设在运河沿线，从北至南依次为：崇文门（北京）、河西务（清代时移往天津）、临清、淮安、扬州、浒墅（苏州城北）、北新（杭州）。明万历年间运河七关商税共计31 万余两，天启年间为 42 万余两，约占八大钞关税收总额的 90%。在清康熙至嘉庆的一百数十年间，运河诸关税收总额又有增长。

目前，仅存的保存完整的运河钞关是临清钞关。明清时期，临清得益于大运河的发达漕运迅速崛起，“地居神京之臂，势扼九省之喉”，繁荣昌盛达500余年，成为江北五大商埠之一，有“繁华压两京”“富庶甲齐郡”之美誉。临清钞关始设于明宣德四年（1429），于十年（1435）升为户部榷税分司，由户部直控督理关税。明万历年间，临清钞关税收居运河钞关之首。

历史上临清钞关为一组建筑群，东西长130米，南北宽96米，占地面积4万平方米。面朝大运河，由东向西依次为河口正关、阅货厅、“国计民生”坊、关堞、仪门、正堂等。南北三进院落，设置穿厅、船料房、鼓铸坊等，厅堂坊舍室400余间。现存两进院落，前院为公署办公区，后院为仓储区，南部住宅区现大部分成为民居。主要古建筑为仪门、南北穿厅、科房、船料房等，面积6000余平方米。此外，尚有原钞关官员住宅若干，保存较好。建筑大都为硬山式，青色灰瓦屋面。临清钞关以其建筑保存完好、遗存文献丰富成为研究运河漕运史、关税史、运河城市发展史、货币史等不可多得的实物史料。

沿线著名的钞关还有扬州钞关。明代扬州钞关是大运河沿线七大钞关之一，而清代时又是户部著名的二十四关之一。明清时期选择扬州作为征收商品流通税的榷关，是与扬州发达的水运和繁荣的商品贸易分不开的。据清关税档案统计，清代前期，扬州钞关的年均货税在18万两白银以上，在二十四关中排名第二。作为大运河沿线最重要的城市之一，来自各地的商品要在扬州关中转，扬州为这些货物提供了一个很大的消费市场。同时，扬州钞关也将运河沿线发达的工商业城市有机连接在一起，形成了手工业市场、粮食市场和原料市场的一种互动互利的交换机制，促进了运河南北地区间经济的发展。目前，扬州钞关地面部分已基本不存。

17

大运河沿线有哪些著名的会馆遗址?

在运河沿线城镇，会馆最初的作用是联络乡情和集会、议事的公共场所，后逐步演变为商人们存货、居住和议事的重要场所。大运河沿线著名的会馆遗址有宁波庆安会馆、扬州岭南会馆、聊城山陕会馆、开封山陕甘会馆、苏州全晋会馆等。

宁波庆安会馆位于浙东运河沿线，是在水运交通便利、商业发达、经济繁荣的地区逐渐发展出的商业设施，反映了大运河沿线因运河而发展繁荣的贸易和工商业情况，体现了由于漕运而维护修建的大运河的衍生影响。清道光三十年（1850），以费纶金、费纶鋕为代表的北号舶商捐资白银 10 万两兴建庆安会馆，并于清咸丰三年（1853）建成。会馆同时又是祀神的庙宇，供奉航海保护神妈祖，这反映了大运河与海上丝绸之路的关系。受到外来文化影响，这里是运河沿线文化传播与发展的见证。

扬州岭南会馆坐落于新仓巷 4 号至 16 号之间，是清代广东盐商们在扬州议事聚集的场所。会馆坐北朝南，原占地面积近 5000 平方米，有屋宇近百间，现尚存老屋 50 余间。原组群布局由东、中、西三路住宅并列，中间夹两道深巷相隔相通，现存中、西两条轴线。会馆保存有“岭南会馆章程”等石刻、“岭南会馆界址”石额，这些遗存均具有很高的建筑艺术、历史价值。会馆匾墙内的 4 组角花，堪称扬州古建筑遗存中的角花之最。

聊城山陕会馆是清代聊城商业繁荣的缩影和见证。会馆始建于清乾隆八年（1743），是山西、陕西的商人为“祀神明而联桑梓”集资兴建的，从开始到建成历时 66 年，耗银 9.2 万多两。会馆东西长 77 米，南北宽 43 米，占地面积 3311 平方米。整座建筑包括山门、过楼、戏楼、夹楼、钟鼓二楼、南北看楼、关帝大殿、春秋阁等部分，共有亭台楼阁 160 多处，其精妙绝伦的建筑雕刻和绘画艺术为国内罕见。

开封山陕甘会馆坐落在明代中山王徐达后裔的府第旧址上，是河南明清时期建筑艺术的代表作。山陕甘会馆建于清乾隆年间，起初是山西、陕西两省的富商为扩大经营、保护自身利益筹结的同乡会，后又加入甘肃籍商人，遂名“山陕甘会馆”。山陕甘会馆有“三绝”——砖雕、木雕、石雕，誉冠中原。

苏州全晋会馆位于平江路中张家巷 14 号，曾毁于兵火，后从清光绪五年（1879）至民国初陆续修建了 30 多年，才有了今天的规模。如今，这座新建的规模宏伟的全晋会馆，反映出了当时在苏的晋商生意兴隆、财源丰厚的历史。

图 1-7　开封山陕甘会馆前的牌楼

18

大运河沿线有哪些著名的钱庄、当铺遗址？

古代行商随身带着银两作为结算货币，随着生意越做越大，随身携带银两已很不方便，于是出现了为商人从事银钱兑换、存放货款等业务的商业信用票号，即钱庄。当铺、钱庄、票号被称为“金融三姐妹”。大运河沿线有众多的钱庄和当铺。

钱庄　大运河畔的商业城镇南阳古镇就以钱庄闻名。如今的南阳古镇呈现“岛在水中、河在岛上、镇在湖内”的独特景象。大运河从镇中间穿过，使之成为货物集散的重要商埠。南阳古镇兴旺昌盛达600余年，被誉为明清时期运河四大名镇之一。胡记钱庄创建于清代中期，是南阳古镇最早也是现存唯一的钱庄建筑。它是由胡家典当生意发展而来，在运河上南来北往做生意的南北商贾也经常把贵重物品和多余银两存到胡记当铺。后来，当铺慢慢地发展成钱庄，经营与票号相同的业务。由于胡家在大运河沿线的夏镇、济宁、徐州、镇江、扬州等地设立了30多家分号，所以被称为“运河第一钱庄”。胡记钱庄建筑为典型的四合院格局，由前厅、账房、银窖、银库、正房等几部分组成。墙上“钱”匾上写着“承诺守信”，还有4个大铜钱上分别写着“一本万利”“日进斗金”“汇通天下”“通财惠民”。目前，钱庄整个院落保存完好。

当铺　做生意在资金周转不灵时，有些商人会典当货物，获取周转资金，待有钱时再将货物赎回，这就产生了当铺。运河沿线商业发达，因而当铺众多。在淮扬运河沿线城市高邮，乾隆年间就有当铺6家，同治年间增至 11 家。其中，规模最大的是北门大街的同兴当铺，相传为乾隆时的权臣和珅的私产。后来，同兴当铺转为民当，并数易其主。同兴当铺为研究清代运河沿线的典当制度及民居建筑提供了实物资料。2014 年，在大运河申遗过程中，作为运河遗产的一部分，高邮当铺受到当地政府的重视，进行了整修，现作为当铺博物馆对外展出。

19

哪些园林被列入大运河遗产点?

被列入大运河遗产点的园林有扬州瘦西湖和个园。

瘦西湖是以河道被列入的，尽管河道两侧 5 米为遗产区，但瘦西湖公园全域都被列入了遗产缓冲区。瘦西湖古称砲山河、保障河、保障湖，是从清代扬州城北垣绵延至北郊蜀冈的狭长水体。瘦西湖水源于城西诸山，水道沿用历代扬州城护城河，并经人工疏浚、凿通，在清乾隆年间形成一条连贯的细长又富曲折变化的线形水体。盐商及盐务官员利用土阜及湖水间的隙地，建造了背“山”面水的园林。这些园林从城北延至蜀冈下，沿水体密集排布，形成连贯的园林集群景观。瘦西湖独特的“卷轴画”式景观形态、沿湖密布并面湖开放的园林集群等文化景观要素、高超的景观设计技艺及深厚的文化内涵，既是中国传统农耕社会晚期出现的商业文明的独特见证，又与这一高度发达的商业文明所引发的社会文化发展高峰具有最直接的关联，是中国古典园林景观设计作品的杰出范例。“瘦西湖”之

图1-8 扬州瘦西湖

名出自清乾隆年间寓居扬州的诗人汪沆的一首感慨富商挥金如土的诗作："垂杨不断接残芜，雁齿虹桥俨画图。也是销金一锅子，故应唤作瘦西湖。"瘦西湖的特点是湖面瘦长，蜿蜒曲折，其妙处在十余家之园亭合而为一，联络至山，气势俱贯。

个园是清嘉庆年间两淮盐业商总黄至筠在明代寿芝园旧址上兴建的典型的前宅后园的私家园林。"个园"之名，造园之意贴切，缘因主人"性爱竹"，竹叶形似"个"字，故得名。个园占地面积达2.4万平方米，建筑面积近7000平方米，整体建筑群规模宏大，造园精致，环境清幽。个园特点鲜明，既有南方园林之秀，又具北方园林之雄。园内最具特色的是"四季假山"，分别采用笋石、湖石、黄石、宣石等不同石种，以分峰叠石体现"春山淡冶而如笑，夏山苍翠而如滴，秋山明净而如妆，冬山惨淡而如睡"的四季景色，立意精巧，别具一格，陈丛周先生誉其为"国内孤例"，是我国江南私家园林杰出代表之一。南部住宅组群规整，三轴并列，布局严谨，层层递进，体量宏敞，古拙雄浑，用料考究，有很强的实用价值，也折射出扬州的商业文化和民居文化。

20

大运河沿线有哪些皇帝行宫遗址？

中国历史上许多皇帝都喜欢巡游天下，昭示自己的文治武功，其中有几位皇帝喜欢沿运河巡游，所到之地都需要沿河兴建接驾的行宫。现在运河沿线保存完好的行宫遗址有宿迁的龙王庙行宫、扬州的天宁寺行宫和高旻寺行宫。

龙王庙行宫位于大运河中河宿迁段皂河镇附近的运河南岸，原名为“敕建安澜龙王庙”。龙王庙行宫始建于 17 世纪末（清康熙年间），并于清雍正五年（1727）和嘉庆十八年（1813）两次重修。乾隆帝 6 次下江南，5 次宿顿于此，并建亭立碑。经雍正、乾隆、嘉庆等各代皇帝的复修和扩建，龙王庙行宫形成了现在占地面积 2.4 万平方米、周围红墙、四院三进封闭式合院的北方官式建筑群。龙王庙行宫现保存完好，有殿宇 14 座，建筑面积近 2000 平方米。中轴线上有山门、御碑亭、献殿、龙王殿、灵官殿和大禹王殿，两侧有钟鼓楼和配殿。主体建筑龙王殿立于须弥座台基上，面阔七间，进深四间，重檐歇山顶，内部梁枋饰以苏式彩绘。自清代以来，每年农历正月初八至初十为皂河龙王庙庙会日，人山人海，热闹至极。龙王庙行宫是大运河沿线保存最完整、规模最大的皇帝南巡行宫遗址之一，具有极高的历史、科学和艺术价值，是运河水神崇拜和中国古代国家对漕运持续重视的见证。

天宁寺行宫位于扬州丰乐上街3号，占地面积约11602平方米，建筑总面积为5000多平方米。天宁寺相传本为东晋太傅谢安别墅，后舍宅为寺。康熙帝南巡时曾驻跸于此。咸丰年间，寺毁于兵火，于同治年间重建。至今，篆刻着乾隆帝自己撰写的《南巡记》御碑，仍巍然伫立在寺内山门殿的北侧，“南巡之事莫大于河工”，点明了帝王南巡的主要目的。南巡御碑也成为定格于特定历史时期的独特物证。天宁寺被誉为“江南小故宫”。天宁寺附近还有一座寺庙叫重宁寺，传说是为乾隆帝为母亲祝寿而建。该寺由盐商出资，得乾隆帝亲自赐名“万寿重宁寺”，意为“合万姓之寿为寿，所以为万寿也；以下民之宁为宁，所以为重宁也”。重宁寺与天宁寺隔路相望，并称“双宁”。山门内中轴线第一进为天王殿，殿内悬挂着乾隆四十八年（1783）御赐的“普现庄严”和“妙雨花香”匾，另存有乾隆帝撰写的《万寿重宁寺碑》。

图1-9 扬州天宁寺行宫

高旻寺行宫位于扬州古运河与仪扬河交汇处的三汊河口。清顺治八年（1651），两河总督吴惟华于三汊河岸筹建七级浮屠，借以纾缓水患，名曰“天中塔”。十一年（1654）秋塔成，复于塔左营建梵宇三进，是为“塔庙”。康熙帝于三十八年（1699）第三次南巡莅扬，见天中塔倾圮，欲颁内帑修葺，为皇太后祈福。江宁织造曹寅、苏州织造李煦倡两淮盐商捐资报效。四十二年（1703），康熙皇帝第四次南巡，曾登临寺内天中塔，极目远眺，有高入天际之感，故书额赐名为“高旻寺”。次年，他又御制《高旻寺碑记》，颁赐御碑亭供奉。其后，曹寅等于寺西创建行宫，规模数倍于寺。康熙皇帝第五、六次南巡，乾隆皇帝首次南巡，均曾驻跸于此。

21

哪些历史文化街区被列入大运河遗产？

在南方，利用运河支流或城镇内的水系，将大运河之水引入家家户户门前，形成了独特的“水陆相邻、河街平行”的居住模式。大运河沿线因水系形成了一批历史文化街区，如苏州的山塘街区、平江路街区，无锡的清名桥街区，杭州的桥西街区，绍兴的八字桥街区，湖州的南浔街区，等等。

山塘历史文化街区有着悠久的历史，早在中唐时期，大诗人白居易任苏州刺史时，“始凿渠以通南北而达于运河”，这就是山塘河，同时沿河筑堤。人们为了纪念白居易，将这一条通往虎丘的路称作“白公堤”，也就是后来的山塘街。这条街全长 3600 米，故称作“七里山塘”。至明清两代，这条街成为苏州最繁华的地区之一。街区现仍保持着居住、商业等城市功能，并完好地保存了河道、堤岸、桥梁，以及相关历史建筑和历史格局。

平江路历史文化街区位于苏州古城内东北部，形成于13世纪之前，其内的水系及街巷比较完整地保存了宋《平江图》和明末《苏州府城内水道总图》等古地图上所展示的城内水道体系干支河结构的原貌和前街后河、街河平行的水陆双棋盘格局。街区自北向南街河并行，保持着原有的居住、商业等城市功能。

清名桥历史文化街区地处无锡旧城南门外古运河与伯渎港交汇处，始于宋代锡山驿的设置，以此作为契机，陆续出现了商业、手工业作坊和住宅。明清时期，无锡南门外形成了众多的粮行、堆栈，这是清名桥历史文化街区的前身。现在的清名桥历史文化街区仍存有大量古桥、古街、古建筑，以水弄堂和南长街、南下塘为骨架，垂直呈鱼骨状分布，长约1600米。它是古运河水乡传统风貌的精华地段，是富庶江南漕运重地的见证，也是无锡城区运河因漕运而生的古代商业和居住区。

桥西历史文化街区是依托拱宸桥作为水陆交通要道的地域优势而形成的一个城市居民聚集区。得益于大运河，这一带曾经是杭州最热闹的商业区，形成了有名的“北关夜市”。现桥西历史文化街区格局保存完好，已成为一个集中体现杭州清末至新中国成立初期，依托运河而形成的近现代工业文化、平民居住文化及仓储运输文化的文化复合型历史街区。

八字桥历史文化街区是依托绍兴八字桥与大运河的地域优势而形成的一个城市商业区，具有水陆双交通体系，是绍兴水城的一个缩影，反映了运河的开凿与变迁对运河聚落的格局与演变产生的重大影响。八字桥历史文化街区内有八字桥、广宁桥等古桥，居民临河而居，沿街穿行，形成了特有的江南水乡景观，是绍兴古城街河布局的典型代表。

图 1-10　山塘历史文化街区

南浔历史文化街区位于湖州頔塘东端。南浔镇原为一处村落，于南宋时期发展扩大，成为市镇。15 至 19 世纪（明清时期），南浔由于蚕桑业、手工缫丝业而发展繁荣，并依靠大运河支线——頔塘运河的交通便利，发展形成了基于頔塘运河的独特十字港架构格局。街区内保留着明清历史风貌，较完整地体现了清末民初南浔古镇的街区格局和历史风貌。

22

大运河沿线有哪些名宅？

古人都喜欢逐水而居，有河流的地方必有人居住。依河而生的运河人家，沿着运河建房，在运河沿线逐渐形成了一批名宅，有扬州的盐商住宅群、郑州的康百万庄园、湖州的南浔张氏旧宅等。

汪鲁门宅位于扬州古运河边。1919年，汪泳沂（字鲁门）以白银5500两和大洋9750元从刘氏手中购得此宅。现存老屋面阔三间，在同一中轴线上，前后九进，分别为门楼、大厅、二厅、住宅楼等，总长115米。楠木大厅保存完好，在扬州盐商住宅中独一无二。大运河申遗成功后，汪鲁门宅又被用作扬州大运河盐文化展示馆。

卢绍绪宅位于扬州老城区康山街22号，现存建筑前后共九进，进深达百余米，占地面积6100多平方米，主要建筑及园林有正厅、藏书楼、意园等。淮海厅、兰馨厅、涵碧厅、怡情楼厅厅相连，厅堂阔大，可设宴百席，气派非凡。深入后院，意园里的盝顶六角亭、石船舫、水池等相映成趣。宅邸现作为扬州淮扬菜博物馆对外开放。

康百万庄园又名河洛康家，位于郑州下辖巩义康店镇，始建于明末清初。康家大院是一处典型的17至18世纪封建堡垒式建筑。它背依邙山，面临洛水，因而有“金龟探水”的美称，与刘文彩庄园、牟二黑庄园并称“全国三大庄园”，同时又与山西晋中乔家大院、河南安阳马氏庄园并称“中原三大官宅”。

南浔张氏旧宅是国民党元老张静江堂兄张石铭的私家住宅，位于江南运河湖州南浔镇段的頔塘故道旁。建筑面积达6000余平方米，各式风格的房间达244间。旧宅坐西朝东，分为南、北、中三部分，前面数进为晚清中式建筑，南、中部后进为西欧巴洛克式风格的建筑。宅内房屋建筑风格类型俱全，砖、木、石雕及进口的彩色玻璃浮雕极为丰富；中式建筑内部的装修大量采用西欧的材料及工艺，且保存有大量书法名家的手迹。张氏旧宅将各式建筑形制相互穿插、融会贯通，集东西方文化艺术于一体，体现了清末西风东渐的时代特征，具有较高的历史、艺术价值，被称为“江南第一民宅”。2001年，张氏旧宅建筑群被列入第五批全国重点文物保护单位。

23

大运河沿线有哪几类码头遗址？“御码头”在哪？

有船就有码头。运河上码头众多，不同的码头又各有分工，分别承担着接卸漕粮、往来客运和商货转运的职责。大运河上的码头有三大类：第一类是漕运的专用码头，第二类是装卸民间货物的码头，第三类是供坐船的客人上下船的码头。客运码头中也有一种因皇帝由此上下船而被称为的“御码头”。

宿迁御码头遗址位于皂河镇骆马湖西南。清康熙二十三年（1684）敕建龙王庙行宫，并建有御马路。乾隆帝下江南，御舟泊于皂河镇内大运河岸石码头，经御马路至龙王庙祭拜并下榻于龙王庙行宫。御码头占地面积约 80 平方米，块石垒砌，离水面高约 3 米。至今，其基石仍依稀可见。

扬州天宁寺御码头现位于冶春茶社旁，为扬州著名的“乾隆水上游览线”的起点。康熙帝南巡曾在天宁寺西园的行宫内居住，寺下就是他上下龙舟的码头。清乾隆十八年（1753），扬州盐商于天宁寺西园兴建行宫，三年而成。宫前建码头，乾隆帝游瘦西湖由此登船，并亲笔题写了“御马头”三个字。

运河古镇邵伯镇至今还保存着码头群遗址，遗址位于邵伯运河东堤上，自北向南一字排开 4 座古码头，分别是竹巷口码头、大码头、朱家巷码头和庙巷口码头。这 4 座码头各有“分工”：大码头和朱家巷码头主运八鲜货和商店物资，竹巷口码头是装卸竹木器的，庙巷口码头主要运输粮、蛋、桐油等物资，同时大码头又是官商两用的。邵伯镇在清以前的繁荣，很大程度上是因为有这 4 座码头。据说，“大马头”三个字还是乾隆帝题写的。1936 年运河改道之后，这些码头也被逐渐废弃，现作为遗址展示，被列入大运河世界遗产。

24

在大运河千年开凿利用史上有哪些著名的人物?

大运河历经2500多年，许多历史名人与大运河关系密切，他们或作为统治者发动大运河的修建和贯通，或直接主持开凿大运河，或组织重大工程的实施，为大运河的开凿与发展发挥了重要的作用。

最早开凿大运河的是春秋时的吴王夫差。公元前486年，为了北上争霸，吴国利用长江、淮河之间的自然水系，开凿了一条人工渠道——邗沟，沟通了江、淮两大水系。这是中国有确切纪年的第一条大型运河，也是中国大运河最早的一段。夫差成为大运河开凿史上的第一人。

汉代是大运河的完善时期，这一时期也出现了几位与运河相关的历史人物。陈登开挖邗沟西道，此道成为后来历代淮扬运河的主要线路。曹操主持开凿了白沟、平虏渠、泉州渠，这些沟渠成为隋代永济渠的前身。

隋炀帝杨广在位期间修建大运河，开通通济渠、永济渠，加修邗沟、江南运河，首次贯通了大运河，这就是历史上有名的隋代大运河。大运河从北方的涿郡到达南方的余杭，南北蜿蜒长达2700多千米，将钱塘江、长江、淮河、黄河、海河五大水系连接起来。

元代科学家郭守敬主持贯通了元代大运河，主要工程有开凿通惠河、济州河、会通河，治理北运河、南运河、江淮运河等，完成了中国大运河的第二次贯通，将中国古代的经济中心与政治中心联系起来，奠定了今天京杭运河的格局。

明代宋礼采纳白英的建议修建了南旺枢纽，有效解决了运河河脊水源问题，保证了明代运河漕运的畅通。陈瑄开通了清江浦，负责漕运事务

30 年，大力改革漕运制度，实施了一系列大运河修治工程。潘季驯主持治理黄河和运河，前后持续 27 年。他筑了洪泽湖大坝——高家堰，发明“束水攻沙”法，深刻地影响了后代的“治黄”思想和实践。

清代康熙帝重视漕运与治河，靳辅、陈潢等水利大臣穷毕生之力治河，使河患大为降低。靳辅治河继承明代潘季驯方法，对黄河水患进行了全面勘察，提出了对三大河流进行综合整治的详细方案，终使堤坝坚固，漕运无阻。

25

大运河是如何影响沿线城镇发展的？

大运河作为中国古代具有战略意义的交通大动脉，对于此后中国各朝代的都城及沿线其他城市的发展都产生了巨大影响。

受运河影响的第一类城市就是都城。在运河繁荣时代，大运河与运河流域的经济文化对于都城发展具有决定性意义，构成了都城发展的动力支撑系统和技术、信息与文化交流系统，共同推动都城的发展。要供养都城内包括中央官僚机构人员、足够数量的常备军及皇室成员在内的庞大人口群体，就需要有一个持续不断的粮食供应系统。因此，大运河的出现是中国古代王朝政治的产物，主要是为都城服务，以满足都城的物资需求为目标。自开通后，大运河成为历代都城的命脉，并与都城相互依存，互为推动。大运河沿线的都城有洛阳、开封、杭州、北京。隋唐时期的洛阳城、元大都的建设，是在国家意志下与运河的修建同期规划、同期实施的宏大工程，城市规划者将漕运的便利、皇室的需求与城市的景观统筹考虑，从而诞生了在世界城市规划史上具有典范意义的城市，并通过漕运带来的经济繁荣，使之成为人口超过百万的大都会。

第二类城市是商业城市。不同时期的运河都会带动一批商贸城市的兴起，而其在运河体系中的重要程度，也往往决定了这些城市的规模大小和繁盛水平。隋代大运河的开通掀起了运河沿岸工商业城市发展的第一波浪潮，汴州、宋州、楚州、扬州、润州、常州、苏州、杭州等是当时最著名的运河城市。宋代以开封、杭州为中心的运河体系的建立，以及农业、手工业的进步，将运河沿岸城市的发展推向一个新的阶段。开封、杭州、苏州、扬州、真州、楚州等是这一时期运河城市繁荣发展的见证。位于大运河与长江交汇口的扬州，自隋至清，一直是大运河的要地：唐代扬州就是全国最发达的商业都会，元代则成为重要的国际性都会，明清时由于盐业的发达而更加繁荣。苏州、杭州的历史也与江南运河的开通息息相关。农业、丝织业的发达加之漕运带来的便利和商贸机会，使苏杭两地在宋代即被誉为“天上天堂，地下苏杭”。北方的天津、南方的宁波（古称“明州”）均位于大运河与海运的交汇点，也由此而成为历史上全国南北货物的集散

图 1-11　运河城市扬州

地与重要的对外港口城市。

第三类城市是因运河形成的古镇。在大运河沿线，人们逐水而居，沿运河而兴起的城镇有着鲜明的运河烙印。大运河沿线有一批临水古镇，如天津杨柳青镇、扬州邵伯镇、湖州南浔镇、杭州塘栖镇、河南道口镇、徐州窑湾镇、济宁微山湖中的南阳镇等，它们的形成与发展都与大运河有着密切的关系，使得大运河成为真正沟通南北的“母亲河”。

26

为什么说大运河是沿线人民的“母亲河”？

大运河通过对沿线风俗传统、生活方式的塑造，与运河沿线广大地区的人民产生了深刻的情感联结，成为沿线人们共同认可的“母亲河”。

大运河的修建把若干小的割据的自然环境贯通成为一个体系，并将其转化成一个大的具有共性的人文环境。在 2500 多年的历史积淀下，大运河既便利交通运输、繁荣两岸商业，也孕育了两岸特有的民情风俗，深刻影响着沿线人民的生活方式。

世代劳作、生息在运河上的百姓人家，在沿袭传统节日如春节、元宵节、端午节等保留传统娱乐活动的同时，内容有所增益，带有鲜明的运河色彩。比如：中元节时在运河中放河灯，是运河地区包括天津、山东以及江南等地保存至今的节庆习俗。

生活在大运河两岸的人们，一方面享受着运河舟楫、水产等恩惠，另一方面也承受着运河暴虐、泛滥的种种苦难。因此，他们对与自己生存息息相关的运河产生了敬畏崇拜之情。比如：婚俗中向河中抛撒钱币、尽量避免使用谐音灾难的语词的语言禁忌等，都表达着与大运河密切相关的民间信仰。人们为了向河神祈福消灾、趋利避害，便有了对河神的种种祭祀活动，大运河遗产中的龙王庙、盐宗庙等正是运河相关信仰的见证。

沿运河兴起的城镇有着鲜明的运河烙印。在南方，运河水系与城市水系巧妙连接，形成了独特的“枕水人家”居住模式，扬州、苏州、无锡、杭州、绍兴、南浔等历史城镇的运河街区均生动展现了大运河对生活方式的塑造。在北方，虽然自古以来由于水资源并不丰沛，城镇、街区格局受水系的影响并不显著，但运河的沿岸地区却与其他北方地区有很大不同，深受运河影响，别具特色。

大运河流经 35 个城市，是中国东中部最为核心的地区。大运河用她的乳汁哺育着依河而居的人们，并在他们的生活中留下了鲜明而又隽永的印记，成为跨越南北各文化区、一代代人的共同记忆。因此，运河所经广大地区的人民用“不是生母，便是乳娘”来形容自己与大运河之间的联系。

图 1-12　运河边居民的生活场景

第二篇 文化艺术

27

中国大运河为什么要申遗？大运河申遗经过了哪几个阶段？

中国大运河是世界上开凿时间最早、延用时期最久、长度最长的人工运河，在国家统一、政权稳定、经济繁荣、文化交流和科技发展等方面发挥了不可替代的作用。作为线性活态文化遗产，中国大运河被《国际运河古迹名录》评价为“具有重大科技价值的运河”，其沿线蕴藏着丰富的物质遗存和非物质遗产。中国大运河申遗对于提高大运河的国际知名度，提升沿线人民对大运河遗产的保护意识，增强文化自信，提升大运河遗产的保护管理水平，更好地保护好、传承好、利用好大运河文化遗产，讲好中国故事，传播中华优秀文化，都有着积极的意义。同时，大运河申遗促进了沿线经济社会文化的大发展，也为后来的大运河文化带建设和大运河国家文化公园建设打下了坚实的基础。

从2006年开始到2014年，大运河申遗经历了8年，大致分为3个阶段。一是2006年到2009年的准备阶段：2006年，大运河被列入《中国世界文化遗产预备名单》，同年被公布为全国重点文物保护单位；2007年9月26日，大运河联合申遗办公室在扬州挂牌成立；2008年3月，国家文物局在扬州召开了大运河保护与申遗第一次工作会议，成立了大运河保护与申遗城市联盟，明确了大运河申遗工作方案，各项工作正式启动，此后每年都在扬州召开一次大运河保护与申遗工作会议；2009年4月，国务院牵头大运河申遗工作，同时成立了部省际会商小组（由8个省、直辖市，13个部委联合组成），并在北京召开了第一次会商小组会议，正式建立了省部际会商机制。二是2009年到2012年的保护规划制订阶段：2009年，运河沿线各城市先后完成了市级保护规划的编制并颁布实施，在此基础上开始着手编制大运河省级保护规划，直到2012年完成了《中国大运河遗产保护与管理总体规划》的编制；这一阶段还启动了大运河申报世界文化遗产预备名单的遴选工作，2011年3月初步确定了遗产点预备名单，2012年底确定了最终的遗产点申报名单；同时，还以扬州为试点建设了大运河遗产监测预警系统。三是2013年到2014年的冲刺阶段：2013年1月底，国家文物局向世界遗产中心上报了中国大运河申遗文本；2013年上半年，沿线各地完成了遗产点修缮和环境整治工作，部署建设了大运河遗产监测预警通用平台；2013年9月，世界遗产委员会委派两位世界遗产专家对大运河进行了现场考察；2014年6月22日，在卡塔尔首都多哈召开的第38届世界遗产委员会会议上，中国大运河被正式列入《世界遗产名录》。

图 2-1　第 38 届世界遗产委员会会议主席卡塔尔玛雅萨公主宣布正式将中国大运河列入《世界遗产名录》

28

中国大运河符合世界文化遗产的哪几条标准？

根据《实施〈世界遗产公约〉操作指南》，中国大运河符合世界文化遗产的标准一、三、四、六，共 4 条标准。

符合标准一：是人类历史上超大规模水利水运工程的杰作，创造性地将零散分布的、不同历史时期的区间运河连通为一条统一建设、维护、管理的人工河流，其为解决高差问题、水源问题而形成的重要工程实践是开创性的技术实例，是世界水利水运工程史上的伟大创造。中国大运河以其世所罕见的时间与空间尺度，证明了人类的智慧、决心与勇气，是在农业文明技术体系之下难以想象的人类非凡创造力的杰出例证。

符合标准三：能为现存的或已消逝的文明或文化传统提供独特的或至少是特殊的见证。中国大运河见证了中国历史上已消逝的一个特殊的制度体系和文化传统——漕运的形成、发展、衰落的过程以及由此产生的深远影响。漕运是大运河修建和维护的动因，大运河是漕运的载体。大运河线路的改变明显地受到政治因素的牵动与影响，见证了随着中国政治中心和经济中心改变而带来的不同的漕运要求。由于漕运的需求深刻影响了都城与沿线工商业城市的形成与发展，围绕漕运而产生的商业贸易促进了大运河沿线地区的兴起、发展与繁荣，这些也在大运河相关遗产中得到呈现。

符合标准四：是一种建筑、建筑群、技术整体或景观的杰出范例，展现历史上一个（或几个）重要发展阶段。中国大运河是世界上延续使用时间最久、空间跨度最大的人工运河，被《国际运河古迹名录》列入世界上“具有重大科技价值的运河”，是世界运河工程史上的里程碑。大运河所在区域的自然地理状况异常复杂，开凿和工程建设中产生了众多的因地制宜、因势利导的具有代表性的工程实践，并联结为一个技术整体，以其多样性、复杂性和系统性，体现了具有东方文明特点的工程技术体系。它展现了农业文明时代人工运河发展的悠久历史阶段和巨大的影响力，代表了工业革命前土木工程的杰出成就。

符合标准六：与具有突出的普遍意义的事件、文化传统、观点、信仰、艺术作品或文学作品有直接或实质的联系。大运河是中国自古以来大一统思想与观念的印证，并作为庞大农业帝国的生命线，对国家大一统局面的形成和巩固起到了重要的作用。大运河通过对沿线风俗传统、生活方式的塑造，与沿线广大地区的人民产生了深刻的情感关联，成为沿线人民共同认可的“母亲河”。

◎ 延伸阅读

《实施〈世界遗产公约〉操作指南》简介

1972年11月16日，联合国教科文组织大会通过的《保护世界文化和自然遗产公约》，旨在认定、保护、保存和传承对于全人类而言具有突出普遍价值(OUV)的文化和自然遗产，是世界遗产界的纲领性文件。《实施〈世界遗产公约〉操作指南》是为保障《保护世界文化和自然遗产公约》实施的技术性导则，是全球世界遗产工作最权威的指导文件。该操作指南的主要内容是对世界遗产的基本概念、《世界遗产名录》的建立、保护状况监测、国际援助等内容的操作程序和技术标准予以界定和说明。

29

中国大运河世界遗产点（段）有多少处？分布在哪些城市？

中国大运河世界遗产，就是指被列入《中国大运河申遗文本》，并被世界遗产委员会认定的遗产点（段）。《中国大运河申遗文本》中分别选取各个河段的典型河道段落和重要遗产点，涉及大运河河道遗产27段（长度总计1011千米）和遗产点58处（包括运河水工遗存、运河附属遗存、运河相关遗产等），共计85个遗产要素。根据地理分布情况，这些遗产分别位于31个遗产区内，其中每处遗产区均包括了十大河段中最具有典型性和代表性的遗产，具有关键线路和位置、技术特征突出、历史意义重大等特点。面积总计735.66平方千米，其中申报的遗产区为208.19平方千米，缓冲区为527.47平方千米。

中国大运河沿途经过北京、天津2个直辖市，河北、河南、山东、安徽、江苏、浙江6个省的25个地级市，也就是说大运河遗产分布在27个城市里。25个地级市分别是河北的沧州、衡水，山东的德州、聊城、泰安、济宁、枣庄，河南的安阳、鹤壁、洛阳、郑州、商丘，安徽的淮北、宿州，江苏的宿迁、淮安、扬州、常州、无锡、苏州，浙江的湖州、嘉兴、杭州、绍兴、宁波。（见表2-1）

表2-1　中国大运河遗产区情况表

编号	遗产区名称	在十大河段中所具有的典型性和代表性	所属城市
01	含嘉仓160号仓窖遗址	位于大运河历史端点之一——隋唐洛阳城皇城之内的皇家粮仓，其位置、储量与出土遗存证实了唐代大运河漕运与朝廷供给的重要关联	洛阳
02	回洛仓遗址	大运河沿线的大型国家性漕仓之一，具有完整的仓城格局和众多仓窖遗址，反映了隋代大运河漕运的规模与相应的国家直属的仓储设施建设的情况	洛阳
03	通济渠（汴河）郑州段	仅有的两段通济渠（汴河）现存河道之一，反映了大运河河道的线路、走向，其考古遗存解释了早期运河的形态、规模，以及通济渠（汴河）与作为水源河道的黄河的关系	郑州
04	通济渠（汴河）商丘南关段	通济渠（汴河）沿线重要的河道与水工遗存，展现了唐宋时期通济渠夯土驳岸的形制与工艺，以及通济渠（汴河）巨大的河道规模，反映了河道历史的线路与走向	商丘
05	通济渠（汴河）商丘夏邑段	通济渠（汴河）沿线重要的河道与水工遗存，展现了隋唐宋时期通济渠（汴河）河道巨大的规模尺度，以及河堤的形制与工艺，反映了河道历史的线路与走向	商丘
06	柳孜运河遗址	通济渠（汴河）沿线重要的水工及桥梁构筑物遗存，出土的船只直接见证了运河漕运的事实，展现了隋唐宋时期河道的规模与走向，以及高超的石构水工技术	淮北
07	通济渠（汴河）泗县段	仅有的两段通济渠现存河道之一，反映了通济渠（汴河）河道夯土驳岸的形制与工艺，以及河道的线路与走向	宿州

（续表）

编号	遗产区名称	在十大河段中所具有的典型性和代表性	所属城市
08	永济渠（卫河）滑县—浚县段	永济渠（卫河）目前保留的最为典型的一段运河故道，反映了永济渠（卫河）河道的线路走向	安阳、鹤壁
09	黎阳仓遗址	大运河沿线的大型转运漕仓之一，位于黄河与永济渠之间,战略位置重要,始建于隋,沿用至北宋。体现了隋至宋，由仓至库的形制变化，以及永济渠（卫河）重要的军事战略位置	鹤壁
10	清口枢纽	为了解决运河会淮穿黄的难题而建设的大型综合性水利枢纽，是大运河上最具科技价值的节点之一，持续维护运行了200多年	淮安
11	总督漕运公署遗址	现存最重要的漕运管理机构遗址	淮安
12	淮扬运河扬州段	延续使用时间最长的河段之一，见证了大运河沿线的河湖水系变迁，以及运河初期借湖行运，后期与自然水系逐渐脱离的过程	扬州
13	江南运河常州城区段	南方城区段运河的典型段落，反映了城市与运河相伴相生的特点	常州
14	江南运河无锡城区段	南方城区段运河的典型段落，反映了城市与运河相伴相生的特点	无锡
15	江南运河苏州段	延续使用时间最长的河段之一，反映了城市与运河相伴相生的特点、城市因运河而繁荣的过程，以及太湖水系对运河的影响。这也是当前大运河在运量方面最繁忙的黄金水道	苏州
16	江南运河嘉兴—杭州段	延续使用时间最长的河段之一，是江南水网地区的网状运道物证，反映了城市与运河相伴相生的特点、城市因运河而繁荣的过程。这是大运河沟通钱塘江水系的段落	嘉兴、杭州
17	江南运河南浔段	完好保存的江南运河支线的河道，反映了城市与运河相伴相生的特点，以及运河带来的区域繁荣	湖州
18	浙东运河杭州萧山—绍兴段	见证了大运河沟通钱塘江与曹娥江的重要交通枢纽，是大运河沿用时间最长的段落之一	杭州、绍兴

（续表）

编号	遗产区名称	在十大河段中所具有的典型性和代表性	所属城市
19	浙东运河上虞—余姚段	沟通了曹娥江与姚江的重要河段，对两岸的经济繁荣具有重要影响	绍兴、宁波
20	浙东运河宁波段	为避免潮汐影响而建造的航道，反映了为应对潮汐问题大运河做出的“回应”	宁波
21	宁波三江口	大运河整体的终点，也是宋代以来大运河连接海上丝绸之路的连接点	宁波
22	通惠河北京旧城段	包含了元明清时期大运河的北方终点段落——什刹海，以及通往什刹海的玉河故道，也见证了运河规划设计对城市形态、格局的影响	北京
23	通惠河通州段	位于通惠河与北运河交汇的节点位置，是明清两代大运河漕运的转运关键节点	北京
24	北、南运河天津三岔口段	北方城区运河典型段落之一，是北、南运河的交接处，见证了海漕转运的节点	天津
25	南运河沧州—衡水—德州段	南运河“三弯抵一闸”技术的典型例证，包括了现存完好的清代运河夯土水工设施遗存	沧州、衡水、德州
26	会通河临清段	位于会通河与永济渠（卫河）、南运河交汇的关键位置，并包括了申报遗产中唯一的钞关遗存	聊城
27	会通河阳谷段	集中体现了会通河作为“闸河”特点的典型段落	聊城
28	南旺枢纽	为了解决大运河跨越水脊难题而建设的大型综合性水利枢纽，是大运河上最具科技价值的节点之一	济宁
29	会通河微山段	大运河全段唯一一段湖中运道，是大运河为摆脱借黄河行运而开凿的河段，体现了大运河沿线人工干预下的河湖水系变迁，以及运河工程与之相适应的演进历程	济宁
30	中（运）河台儿庄段	北方城区运河典型段落之一	枣庄
31	中（运）河宿迁段	大运河为摆脱借黄河行运而开凿的河段，中河的建成标志着大运河全段实现了完全的人工控制	宿迁

30

中国大运河遗产类型是如何划分的?

大运河遗产由保障其运行的工程遗存、配套设施及管理设施遗存，以及与其文化意义密切联结的相关古建筑群构成。中国大运河的 85 个遗产要素按类型可进行如下划分：运河水工遗存（包括河道、湖泊）共 63 处；运河附属遗存包括配套设施、管理设施共 9 处；运河相关遗产包括相关古建筑群、历史文化街区共 12 处；由多处河道、水工设施、相关古建筑群或遗迹组成的综合遗存 1 处。

运河水工遗存包括河道、湖泊、闸坝、桥梁等共 63 处分布在以下 27 个河段上，包括：通济渠（汴河）郑州段、商丘南关段、商丘夏邑段、泗县段，柳孜运河遗址；永济渠（卫河）滑县—浚县段；淮扬运河淮安段、扬州段；江南运河常州城区段、无锡城区段、苏州段、嘉兴—杭州段、南浔段；浙东运河杭州萧山—绍兴段、上虞—余姚段，宁波三江口；通惠河北京旧城段、通州段；北、南运河天津三岔口段；南运河沧州—衡水—德州段；会通河临清段、阳谷段、微山段，南旺枢纽；中（运）河台儿庄段、宿迁段。

运河附属遗存包括配套设施、管理设施共 9 处。其中，配套设施 5 处，分别为洛阳含嘉仓 160 号仓窖遗址、洛阳回洛仓遗址、鹤壁黎阳仓遗址、扬州盂城驿、杭州富义仓；管理设施 4 处，分别为淮安总督漕运公署遗址、临清运河钞关、宁波庆安会馆、宿迁龙王庙行宫。

运河相关遗产包括相关古建筑群、历史文化街区共 12 处。其中，相关古建筑群 6 处，分别为扬州天宁寺行宫、个园、汪鲁门宅、盐宗庙、卢绍绪宅，以及济宁南旺分水龙王庙遗址；历史文化街区 6 处，分别为清名桥历史文化街区、山塘历史文化街区、平江路历史文化街区、桥西历史文化街区、南浔历史文化街区、八字桥历史文化街区。

由多处河道、水工设施、相关古建筑群或遗迹组成的综合遗存1处——清口枢纽。

图2-2　八字桥历史文化街区

31

中国大运河的完整性、真实性状况如何?

作为系列遗产，大运河包括了所有表现其突出普遍价值的必要因素，并完整地表现出运河遗产的发展和演进过程，在遗产构成方面具有高度完整性。

大运河满足《实施〈世界遗产公约〉操作指南》关于遗产完整性的要求，展现出从春秋至清代的完整历史时空演进格局。十大河段都有代表性段落与节点分布在遗产区内，遗产类型完备而丰富，遗产区足够大，符合整体性、无缺憾性要求。大运河遗产各组成部分有实质性的功能上的联系，对大运河遗产整体的突出普遍价值均有着独特的和不可或缺的贡献。因此，大运河遗产符合完整性的要求。

从总体现状上来看，现存的大运河遗产从春秋至清代的历史格局基本上是完整的。北京至杭州的京杭运河一线河道和遗址基本完整，其中济宁以南，河道连续，局部新航道与老河道并存；北京、天津、河北境内仍有连续河道，并且发挥着重要的水利功能；山东境内的大运河不连续，根据现存的间断的河流与已调查确认的河道遗迹，仍可判定出元明清三代大运河的主要线路和完整的演进历史。洛阳至淮安的通济渠一线河道约存1/3，遗址呈点状分布，其中河南商丘以东至淮安现存连续河道及遗址，已经通过考古勘探确认；洛阳经郑州、开封至商丘之间，受历史上黄河摆动冲刷影响，河道遗址难以完全确认，但通过局部留存的驳岸、桥梁和古河道遗迹，仍可明确通济渠的大体线路；洛阳至临清的卫河系由历史上的白沟、永济渠、御河相继演进形成，持续利用至今。从杭州至宁波的西兴运河、山阴故水道、虞余运河、慈江、刹子港等河道，与曹娥江、姚江的部分段落，则一起构成了历史上浙东运河的主线。

大运河具有较强的真实性。承载遗产突出普遍价值的要素在外形和设计、材料和实体、位置和布局方面具备较好的真实性，所有仍具备实用功能的遗产要素有着用途和功能的真实性。

大运河遗产目前在用河道仍具有至关重要的航运和水利功能，真实地反映了大运河作为活态遗产的特点。出于历史与自然原因而成为遗址状态的河道、水工、管理设施等遗存具有真实的位置、环境和材质，反映了大运河的设计、功能和技术。城市历史水系、历史街区等具有真实的位置、功能和格局，承载了大运河作为沿线民众精神家园所带来的归属感。所以说，大运河遗产符合真实性的要求。

大运河遗产现状保存良好，现中河段、淮扬运河段、江南运河段、浙东运河段仍通航，其他河段主要发挥着行洪、输水及灌溉的功能，会通河段、永济渠（卫河）段、通济渠（汴河）段有部分河道为遗址状态。各遗产点包括水工设施遗存、配套管理设施遗存、相关历史文化遗存等都得到了较好的保护。这也是大运河符合世界遗产真实性要求的实例。

32

什么是大运河文化？其特点是什么？

中国大运河文化是运河经济的繁荣所带来的运河城市的兴起、文学艺术的融合、不同文化背景的参与所形成的多元一体的物质和非物质文化遗产及思想领域的合成。中国大运河文化覆盖包括隋唐大运河、京杭大运河、浙东运河流经的范围。中国大运河文化最根本的特征是交流。大运河首先是为了漕运而修建的，其原始功能是运输，而货物运输与人的流动带来了文化的交流，这才有了大运河文化。这种以交流为特征的大运河文化又有以下 3 个方面特点。

一是包容与统一。善于沟通、包容开放的宽广胸怀是大运河文化的基本特征。从某种意义上讲，文化就是沟通。如果人与人之间没有沟通的意愿，便不会有文化的诞生。这一点，对大运河文化的发展更加重要。运河的本质也是沟通。中国大运河是一条文化的河流，它不仅直接串联起南北，沟通了黄河与长江，而且间接地连接起更为广阔的空间，对中国文化大格局的形成具有十分重要的作用，同时也是联系古代中国与世界的桥梁，是古代东方主要的国际交通路线之一。

二是扩散与开放。中国大运河为不同区域的文化交流提供了通道，体现了某一文化区域内重要的人类价值的交流。大运河的开通与整修，不仅直接刺激和活跃了中国区域间的物流与人际交往，同时也影响到古代中国与世界的外交往来及其路径。中国大运河的开通，使东部地区与中原、南方与北方的联系更为直接而紧密，带来了所涉区域经济文化的繁荣与发展，而陆上丝绸之路和海上丝绸之路的沟通，又使运河流域成为中外经济文化交流的前沿地区，促进了中华文化的多元发展。

三是创新与发展。不断扩大、延伸、创新和发展是大运河文化又一特征。2500 余年来，大运河文化内涵及表现形式不断扩大、延伸、创新和发展。随着大运河沿线文化交往日益频繁，大运河文化传播方式呈现大型化、现代化、社会化和国际化发展趋势。大运河是古代东方世界主要国际交通路线的组成部分。隋唐宋时期大运河的南端通过海上丝绸之路从明州港、泉州通向海外诸国，西端则从洛阳西出通过横贯亚欧内陆的丝绸之路通往中亚、欧洲，元代以后则由于蒙古帝国的建立，欧亚大陆交通畅通。大运河使中国与世界更为紧密地联系起来，中国与亚洲、西方的僧人、官员、商人、传教士、旅行家、使团等频繁由运河南来北往，并经由海上、陆上交通，形成了古代中国与亚洲、欧洲等区域在政治、经济、文化等方面的广泛联系，促进了古代世界的沟通与交流。因此，大运河不仅是中华文明的摇篮，而且是世界文明的摇篮。

33

大运河沿线有哪些重要的非物质文化遗产？

中国大运河非物质文化遗产的形成、传承与发展变化，与中国大运河有直接或间接的连带关系。中国大运河非物质文化遗产种类繁多。目前，人类非物质文化遗产中属于大运河沿线的就有 17 项；大运河沿线还拥有国家级非物质文化遗产 500 余项，省、市级非物质文化遗产更是数不胜数。具体可以分为六类。

一是与大运河直接关联的非物质文化遗产，即大运河本体建设过程中所形成的非物质文化遗产项目，如运河开凿与疏浚中的传统勘测度量技艺，运河构筑闸坝、加固堤防、堵决筑堤等方面的传统技艺，分水、引水、蓄水、泄水等传统设施营造技艺等。

二是与大运河的原生性功用直接关联的非物质文化遗产，如漕运船舶的传统制造技艺，漕粮仓库的传统营造与防潮、防蛀工艺，巨型原木的传统水陆转运技艺，船舶过闸、盘坝的传统技艺等。

三是由大运河沿岸所派生的人类口述遗产，如关于大运河的各类故事、传说，关于大运河的河工号子、船工号子，由大运河助推传播的民歌、童谣等，由大运河产生的社会风俗、礼仪、节庆，以及一些重要的因大运河而形成的方言等。

四是在大运河沿线地区形成或传承、发展的表演艺术，如戏曲艺术中的京剧、昆曲、梆子戏等，曲艺中的扬州评话、苏州评弹、相声、单弦、评书等，音乐艺术中的古琴艺术、宗教音乐，舞蹈艺术中的京西太平鼓、天津法鼓、余杭滚灯等。

五是由于大运河的交通助推、促进需求而产生或传承发展的传统手工技能，如临清贡砖烧制，苏州金砖制作技艺，宋锦等高档丝织品、刺绣品的制作技艺，玉雕、漆器等手工艺品制作技艺及雕版印刷技艺，木版水印技艺、青瓷和紫砂烧造技艺，碧螺春、龙井茶和花茶的加工制作技艺，以

图 2–3　临清贡砖烧制工艺

及北京烤鸭、天津狗不理包子等食品加工技艺等。

六是率先在大运河沿线地区形成或传播、发展的中华传统武术、中华传统杂技，以及其他具有代表性的游艺项目等。

34

中国古代四大名著怎么会均诞生于运河地区？

大运河的开通推动了文学艺术的大发展，促进了特别是小说这种文学体裁的产生。在运河文化的滋养中，中国古代文学史上诞生了无以超越的四大名著。在明代，“四大白话”小说是指《西游记》《三国演义》《水浒传》和《金瓶梅》；到了清代，《红楼梦》代替了《金瓶梅》，后世将四者称为我国古典文学的“四大名著”。

大运河“流”进《红楼梦》。中国古代四大名著首推《红楼梦》，因为无论是作品本身还是作者曹雪芹，都是大运河文化孕育出来的杰出文化符号。曹雪芹世家与大运河结有长达80年的不解之缘。曹雪芹童年和少年时期随其祖父在江南生活，后来才迁至北京，长大成人后的他有机会再从北京沿大运河南下。《红楼梦》中既出现了宿迁方言、苏州方言等，更有扬州方言俯拾皆是。此外，大运河沿线的景致、人文、风俗、典故都在《红楼梦》中有所反映。曹雪芹自幼深受大运河熏陶，在《红楼梦》中他用那如椽之笔饱含激情地将大运河文化抒写得淋漓尽致。曹雪芹的祖父曹寅曾任江宁织造兼作两淮巡盐御史。曹雪芹曾在扬州生活过，而《红楼梦》

中林黛玉是一位多愁善感的扬州女孩，自小随父亲林如海生活在扬州，讲的是一口地道扬州话。

齐鲁运河“捧”出《水浒传》。水浒文化和运河文化交汇、叠合于古郓州涉及区域，也就是梁山泊及周围地带。元初以后，大运河一直在郓州地区纵向穿过，水泊梁山正是运河水系的一部分。大运河穿行鲁西地区，这对古郓州涉及地区产生了重要影响，尤其是深刻影响了水浒文化。《水浒传》写的是北宋的故事，但它的广泛传播和最终成书则是在元末明初。大运河的贯通，对《水浒传》的形成有着重要影响。随着运河城市的兴起，全国各地的故事在这里汇聚，然后在船上被船客品味、消化、加工，又随船传播到别处。这样的故事也就越传越多，越传越完善，越传影响越大了。《水浒传》作者施耐庵不仅是运河边的扬州府兴化县人，而且在淮安完成了该书主要章回的创作，书中的故事映射了他所生活的时代。

没有大运河就没有《三国演义》。元至正十年（1350），《三国演义》的作者罗贯中沿大运河南下杭州，后来，他投张士诚起义军。在这段时间里，罗贯中结识了施耐庵，并拜其为师。罗贯中足涉江、浙、赣、皖等地，搜集三国时期东吴的故事传说，发掘整理了大量流行于运河两岸的三国故事。明洪武元年（1368），他与施耐庵旅居淮安，游览汉代遗址。后来，施耐庵病卒，罗贯中携《三国志通俗演义》书稿返故里，最后完成著书。

图 2-4 《西游记》作者吴承恩塑像

大运河热土孕育了《西游记》。若要了解名著《西游记》的成书背景，要先看看吴承恩的故居，也就是吴承恩著《西游记》的环境。吴承恩故居坐落在淮安城西北的河下镇打铜巷最南端，这个地方是古老的淮河和大运河交汇之处。正是这块人杰地灵的运河热土，催生了这部古典浪漫主义的文学巨著。

35

大运河与明清市井小说有什么关系？

明代随着运河沿线商品经济的发展，人们的生活越来越丰富，出现了市井文化，这给了以记载市民生活为主的市井小说发育壮大的土壤。明代出现了市井小说的创作高峰，涌现出《金瓶梅》、“三言二拍”、《醒世姻缘传》等一批市井小说。

大运河边的临清市井文化十分繁荣，《金瓶梅》就是以明代临清为主要故事背景地写作而成的。《金瓶梅》一书中的人物都活动在运河城市，从生活习俗上看，是以北方的特征为主，从语言上看，也大都是临清周围的方言土语。当时的临清是军事重镇、商业都会，手工业已很发达，又是各种货物的集散地。临清钞关的商税曾居全国八大钞关之首，它还是南粮北调的总中转站和粮食储存中心。《金瓶梅》从第 58 回开始到第 100 回的 42 回中，有 25 处直接写到临清，第 98 回的标题即“陈敬济临清逢旧识，韩爱姐翠馆遇情郎”。《金瓶梅》尽管写的是宋代的事，但研究学者一致认为，其时代背景就是明代的临清。《金瓶梅》的作者兰陵笑笑生如果不是临清人，也很有可能是客居在临清的外地人，因为他对临清太熟悉了！《金瓶梅》小说提及的临清的地名非常具体，如钞关、沙河、狮子街等，这些地点的位置、走向、距离和里程均与现实情况吻合。

“三言”的作者冯梦龙是江苏长洲（今苏州）人，“二拍”的作者凌濛初是浙江乌程（今湖州）人，这二人创作的小说，比较集中地反映了明代运河的商贾文化。“三言”为《喻世明言》《警世通言》和《醒世恒言》，是我国文学史上第一部规模宏大的白话短篇小说总集；“二拍”是指《初刻拍案惊奇》和《二刻拍案惊奇》。“三言二拍”收录故事近 200 篇，来源多是民间艺人的口头艺术，与大运河的开通、各地文化的频繁交流有很大的关系，同时也真实反映了明代运河区域市民阶层的生活面貌和思想感情，特别是“二拍”还反映了资本主义萌芽时期运河上人们的生活与追求。凌濛初本人是一位出版商，也许正是这个原因，“二拍”中有更多关于商人的故事。在“三言二拍”中，近一半的明代故事都曾出现过大运河的身影，从中不仅能看到大运河作为南北交通通道的重要性及沿岸人民生活的情景，还能看到大运河在建构明代故事时所发挥的重要文学作用。

《醒世姻缘传》是继《金瓶梅》之后的又一部以一个家庭为叙事中心的长篇白话小说，主要是描写一个冤仇相报的两世姻缘故事。书中故事的发生地是以山东运河畔的武城县、绣江县为主，还用大量篇幅描写了北京城和通州等地。《老残游记》的作者刘鹗是江苏丹徒（今镇江）人，书中写了医生老残沿大运河行医的过程。《聊斋志异》中《胭脂》一文的发生地，就在今天的运河城市山东聊城。蒲松龄曾在运河沿线的宝应、高邮一带为官，搜集了大量离奇的故事，经过整理、加工后，将其收录到了《聊斋志异》中。他曾在高邮盂城驿担任过一段时间的代理驿丞，传说在盂城驿写出了一篇聊斋故事。如今，高邮盂城驿中还塑有蒲松龄的石像。

36

《清明上河图》反映的是大运河吗？

《清明上河图》是现存最出名的反映运河主题的名画之一，为中国十大传世名画。这是北宋画家张择端仅见的存世精品。张择端是山东诸城人，少时游学汴京，后习绘画，入为画院翰林，徽宗时完成《清明上河图》。他抓住“清明上河”这一主题，把民俗节日、市民生活、市场盛况与滔滔运河结合起来，绘出这一传世名作。

《清明上河图》画面是从右至左展开的，可以分为宁静的乡村、繁忙的汴河、热闹的虹桥、忙碌的店铺、威武的城楼、繁华的大都市 6 个部分。犹如一架录像机，把一个城市的人物风景，从城里到城外都一一记录了下来，观者如同亲临其境。《清明上河图》场面宏大，人物众多，关于画里究竟有多少人，有的研究者认为是 515 人，有的说是 1100 人，最多的说是 1500 人，比《三国演义》中的人物还要多。此画突出了城郊、运河、城市 3 个主要部分，有人物成百上千，风光数十里，三教九流，七十二行。它不仅是我国古代绘画艺术中最杰出的现实主义作品之一，同时对研究我国历史学、社会学以及古代建筑都具有重要的价值。也有研究者认为，此画反映的并不是清明时节的场景，因为虽然此画第一部分反映的是扫墓归来的情景，但第三部分的画卷里有打赤膊的、持扇子的、卖西瓜的，描绘的不可能是四月，应该是夏秋季。学者罗青认为，“清明上河图”这一画题，取的是政治清明和平、天下“海晏河清”之意，这也是宋徽宗亲书亲题的原因。《清明上河图》是宋宣和元年（1119）徽宗为庆祝改元，令张择端绘制的，而画作的时空顺序参照的是当时流行的赋的写法。

自从宋代张择端创作了《清明上河图》之后，围绕着这幅作品的仿本、摹本不断。明清两代出现了很多《清明上河图》的仿（摹）本，最出名的当属于明代仇英所作的《清明上河图》。这些作品尽管和现藏故宫的《清明上河图》有诸多不同之处，但整体而言，它们具有明显的共性。这也正是《清明上河图》本身的魅力所在。

图 2–5　开封市仿照《清明上河图》建的“清明上河园”

37

大运河与中国戏曲发展有什么关系？

要探寻中国戏曲发展的轨迹，便无法回避大运河的作用与贡献。大运河为戏曲的广泛传播、不断发展并走向繁荣创造了便利条件，为新的艺术形式的诞生提供了源源不断的营养。

明清昆曲北上。了解昆曲的人都知道昆曲有南昆和北昆之分。昆曲之所以形成两个派别，就是因为起源于江南的昆曲在明清时期沿着运河北上，在北方传播的过程中，形成了北方昆曲的流派。

过去戏曲界流传着这样一句话："商路即戏路，水路即戏路。"商贸发达、运输繁忙的大运河周边地区是最能聚集观众的，也是最有经济条件与闲暇时间欣赏戏曲的地方，当然也是进行戏曲演出的最佳去处之一。明清时期，各地声腔都向大运河沿岸城市集镇聚集，同时又借助大运河进行南北的交流与传播。

明清时期，影响全国的戏曲"四大声腔"昆山腔、弋阳腔、海盐腔、余姚腔均出自南方。资料表明，对于它们的北传，大运河起到了重要的传播作用。延至明万历年间，北杂剧已十分衰落，代之而兴起的是由大运河北上的昆山腔和弋阳腔。大运河是贯通我国南北的重要交通动脉，其流经地区商品经济繁荣，流动人口众多，具有音乐传播的良好的外部条件，因而大运河的通行带动了昆山腔和弋阳腔的北传。昆曲是经明代的魏良辅对昆山一带的戏曲腔调改良后兴起的，清代扬州代替苏州成为昆曲的高地，就是因为由运河带来的消费文化在扬州十分兴盛。扬州至今还有地名"苏唱街"，这里过去就是昆曲艺人和戏班集中的地方。

四大徽班晋京。1790 年，乾隆皇帝 80 岁，各地照例要组织戏班进京贺寿，其中就有来自扬州的高朗亭带的三庆班。戏班从扬州登上平底船，沿着大运河进京而去。三庆班的人马可能没想到，他们的贺寿演出竟成为在北京的成名立万之作，并在演出中打磨出了京剧的雏形。

三庆班之后，又有四喜、启秀、霓翠、和春、春台等戏班相继乘船沿运河北上进京，这些戏班多以安徽籍艺人为主，故名“徽班”。在演出过程中，6 个戏班逐渐合并为 4 个，史称“四大徽班晋京”。

在此后的几十年中，徽班不断在运河沿线南下北上，到处巡演，在演出中不断吸收各地民间戏曲的精华，风格也逐渐清晰定型，形成了以皮黄为主，兼容昆腔、吹腔、拨子、罗罗等地方声腔于一炉的新剧种，其曲调优美，剧本通俗易懂，故而受到北京观众的热烈欢迎。渐渐地，这种带有北京特点的皮黄戏始称“京戏”，也叫“京剧”，如今已成为中国的国粹。

38

大运河在中外经济文化交流中发挥了什么作用？

作为古代中国的交通大动脉，大运河已深深烙印进历史，通过与国外文明的交流互鉴，成为世界文明进程的重要组成部分。大运河的开通与整修，不仅直接刺激和活跃了中国区域间的物流与人际交往，同时也影响到古代中国与世界的外交往来及其路径。

隋唐时期，随着南北大运河的开通，运河南北与关中地区成为一体，大运河成了陆海丝绸之路联结的纽带。同时，海上丝绸之路新辟了登州、扬州至朝鲜、日本，广州至西亚、欧洲的海上通道，对外经济文化的交流日益频繁起来，大量的外国商人从陆海丝绸之路，尤其是中唐之后主要通过海上丝绸之路来到中国经商定居。江南运河沿岸也多胡商，如大食人后裔李彦升在长安考中进士，波斯人后裔李珣成为晚唐著名的诗人和花间派词人等。

唐代后期以至宋元，封建统治者对大运河的依赖日益加强，中外经济文化的交流也更加频繁。中华民族依靠运河来沟通中国的自然水系，并使横贯亚洲大陆和海洋的古代交通路线在东方的终点闭合而延伸。尤其是海上丝绸之路逐渐成为政治、经济、文化交流的主渠道时，大运河在中外交流史上的地位和作用就更加突出。大运河的开凿和贯通，对整个人类社会的发展，乃至现代文明世界的形成，都发挥了不可磨灭的作用。

海上丝绸之路形成后，它与大运河的关系也由模糊到逐渐清晰了，它们的联结点就是洛阳、扬州、明州等几个运河城市。到了两宋，随着经济政治中心的南移，海外贸易更加发达，大运河与海上丝绸之路的联系更加密切，中外经济文化交流空前繁盛。中国与东亚、南亚、北非和欧洲的多个国家都进行着经济文化往来。在安徽淮北市柳孜运河遗址发掘的宋代沉船中的瓷器及扬州段运河中发掘的沉船中的瓷器，都与“南海一号”沉船中的瓷器十分相似，说明大运河确实是为海上丝绸之路输送物资的补给线，是海上丝绸之路在陆路的延伸段。

大运河是古代东方世界主要国际交通路线的组成部分。隋唐宋时期大运河的一端通过明州港、泉州以通海外诸国，另一端则从洛阳西出通过横贯亚欧大陆的丝绸之路以通中亚与欧洲；元代以后则由于蒙古帝国的建立，欧亚大陆交通畅通。大运河使中国与世界更为紧密地联系起来。丝织工艺、陶瓷制造术、建筑术、造纸印刷术、指南针以及各种文化书籍向海外传播，东南亚的优质木材、宝石、香料、象牙以及中亚的皮革、矿物颜料等进入中国并经由运河传往全国。中国工匠甚至参与了中东灌溉工程的设计与建造工作。

39

大运河沿线有哪些遗迹印证了中外文化的交流?

中外文化交流是双向的，有外国人沿着大运河来到中国，也有中国人沿着大运河到国外传经送宝。

鉴真东渡。在扬州大明寺讲律传戒的鉴真和尚，应日僧荣叡、普照等的约请东渡日本，经过6次东渡，历尽艰险，双目失明，终于在唐天宝十三年（754）到达日本。鉴真不仅把佛教律宗传到日本，同时还把佛寺建筑、雕塑、绘画等技艺传授给他们。日本现存的唐招提寺就是他和弟子创建的，对日本建筑产生了重要的影响。今天扬州古运河畔宝塔湾下的“鉴真东渡码头”矗立着一块花岗岩碑，上面刻着“古运河”三个大字，在它的旁边有两行小字：唐天宝二年（公元七四三年）鉴真大和尚命弟子抵东河造船准备首次东渡。其实，鉴真从扬州出发的第二、四、六次东渡，均经大运河入长江。

普哈丁运河传教。宋代，随着中外交流越来越频繁，在大运河上旅行的外国人越来越多。从高丽、日本等到中国交流的僧人大多由大运河进入中原，出使南宋的外国使节也往往从明州登岸，再经由浙东运河前往临安府。海上丝绸之路的开通，使大批善于行船和经商的阿拉伯人从海上来到中国，并沿运河来到中国内地。阿拉伯人普哈丁相传为伊斯兰教创传者穆罕默德第十六世裔孙，于南宋咸淳年间来到扬州，并在扬州修建了仙鹤寺。后来，他又沿运河到天津一带传教。1275 年，普哈丁沿运河回扬州时在船上归真，长眠在大运河畔。今天在扬州古运河东岸的土岗上，还有一座占地面积约 1.67 万平方米的普哈丁墓园。俗称“巴巴窑”的普哈丁墓园由清真寺、墓园、园林 3 个部分组成，成为海上丝绸之路的遗迹之一。

苏禄王长眠在运河畔。郑和下西洋之后，到中国朝贡的国家数量激增，而这些朝贡的外国使节，无论是从广州还是从福建、浙江沿海登陆，都要经过大运河到北京。往来于运河之上的外国贡使和商人，通过运河把明代先进的文化带回自己的国家。明永乐十五年（1417），苏禄群岛上的 3 位国王东王巴都葛叭哈剌、西王麻哈剌叱葛剌麻丁和峒王妻叭都葛巴剌卜，率 340 多人的使团远渡重洋来明帝国访问，经杭州、扬州沿大运河北上来到北京，受到了明成祖的隆重接待，朝廷为他们举行了正式的册封仪式。在中国访问了 27 天后，三王辞归，明成祖又派人专程护送。沿运河行至德州时，东王巴都葛叭哈剌因为水土不服，加上旅途劳累，身染重病，不得已停船就医，但就此一病不起，不久病逝于德州。明成祖派礼部郎中陈士启前往德州致祭，还为

图 2-6　普哈丁墓园

苏禄东王写下悼文，追谥他为“恭定王”，按王礼将苏禄东王葬于德州。为他守陵的二儿子和三儿子及皇后此后就留在了中国，至今已繁衍了几十代人。

40

《马可·波罗游记》写了哪些与大运河相关的事？

元至元十二年（1275）夏，马可·波罗随父亲来到元上都（今内蒙古锡林郭勒盟正蓝旗），开始了自己在中国的历程。他博闻强记，很快学会了蒙古语和汉语，很受忽必烈重用，据说担任过枢密副使、淮东道宣慰使、扬州总督等职。在 3 年的扬州总督任上，他管理了 24 个县，刚正不阿，主持公道，受到百姓的爱戴。

马可·波罗还奉忽必烈之命，巡视了山西、陕西、四川、云南和江南广大地区。他每到一地，考察当地风俗民情、物产资源等，向朝廷报告，出色完成任务。特别是运河沿线城市成为后来他写的游记中的重要内容，如大都、临清、德州、杭州、苏州等地都有详细描写。他还奉命沿海上丝绸之路出使南洋各国。至元二十八年（1291），马可·波罗与父亲利用护送蒙古公主阔阔真到伊儿汗国（当时蒙古帝国四大汗国之一）的机会，从福建泉州乘船走海路回国。元贞元年（1295），马可·波罗回到阔别多年的故乡威尼斯。大德二年（1298），热那亚进攻威尼斯，马可·波罗参战被俘。在狱中，他把自己在中国和其他亚洲国家的所见所闻口述，由同狱通晓法文的鲁思梯谦笔录，写成《马可 · 波罗游记》（又名《东方见闻录》）。

《马可 · 波罗游记》记述了马可 · 波罗在当时东方最富有的国家——中国的所见所闻。原书分4卷，共229章，其中以大量篇幅记述了马可 · 波罗在运河区域的所见所闻，记录了运河区域的物产、风俗、人情、建筑等情况，是元代以运河文化为代表的中国文化外传的重要见证。

《马可 · 波罗游记》记述了大量关于元代大运河的史料，包括运河运输、沿途城镇、民风民俗、社会经济等，为研究元代运河文化提供了丰富的资料。该游记在欧洲广为流传，他的经历激发了哥伦布和其他不少旅行家对东方的热烈向往，对以后新航路的开辟产生了巨大影响。同时，西方地理学家还根据书中的描述，绘制了早期的"世界地图"。今天，马可 · 波罗作为中意友好交往的使者，还在为中意两国人民的友谊发挥着重要作用。扬州人民为了纪念马可·波罗，在古运河畔建了马可·波罗纪念馆。马可·波

图2-7　扬州古运河畔的马可 · 波罗雕塑

罗纪念馆门前还竖立着一只铜狮，是依据马可·波罗的故乡意大利威尼斯广场的铜狮复制，于 1987 年由威尼托区赠送给扬州的。

41

大运河沿线有哪些佛教文化遗迹？四大名塔是哪几座？

大运河沿线有众多的佛教文化遗迹，包括中国最早的佛教寺院——白马寺，以及佛教禅宗祖庭少林寺等。隋唐时期，佛教得到空前发展，完成了中国本土化进程，尤其是在运河沿线传播最为迅速。洛阳、汴州、楚州、扬州、杭州等运河城市均是佛寺林立，成为佛教传播的中心城市。扬州城就有三四十座佛寺，其中鉴真任住持的大明寺声名远播。北宋建国伊始，即下诏保持诸寺院现状，予以整顿，派大批僧人到西方求经，并欢迎西方僧人来宋译经。宋开宝二年（969），下诏重修开封太平兴国寺并赐额。南宋的杭州成为运河区域的佛教传播中心，城内有寺院 480 余所。元代，藏传佛教（喇嘛教）在大都和运河区域广泛传播。明清时期，运河地区是全国佛教活动的重心，禅宗四大丛林——镇江金山寺、扬州高旻寺、常州天宁寺、宁波天童寺都在中国大运河沿线。大运河沿线著名的寺院还有宁波阿育王寺，这是我国现存唯一以阿育王命名的千年古刹。

随着佛教的传播、寺院的兴建，大运河沿线也建造了众多的佛塔，著名的有四大名塔，即通州燃灯塔、临清舍利宝塔、扬州文峰塔、杭州六和塔，这四大名塔不仅是运河沿线建筑艺术的杰出代表，而且是明清时期运河区域繁荣的见证。

通州燃灯塔　燃灯塔被称为“燃灯佛舍利塔”，始建于北周，唐、元、明诸代曾予以维修，又被民间称为“镇水塔”。燃灯塔的结构为八角十三级密檐式实心砖塔，高约 45 米，须弥座双束腰，每面均有精美的砖雕，塔身正南券洞内供燃灯佛，故名“燃灯塔”。其余三正面设假门，四斜面雕假窗。第十三层正南面斗拱间有一块砖制碑刻，碑首刻有“万古流芳”四个大字。整座塔上共悬风铃 2224 枚，雕凿佛像 415 尊。

临清舍利宝塔　在大运河沿线城市中，临清曾有过辉煌的历史，其南运河东岸有一座舍利宝塔。塔建于明万历三十九年（1611），高 61 米。舍利宝塔是与大运河相伴生的建筑，它见证了明清时期临清这一座运河名城经济的发展。

扬州文峰塔　扬州城南古运河东岸文峰寺内有一座塔叫文峰塔，当地的“宝塔湾”就是因为此塔而命名。文峰塔建于明万历十年（1582），相传是为镇住扬州文风，使学子在科举场上出头而得名。其实，在运河边的

图 2–8　扬州文峰塔

塔都是镇水之用。文峰塔是砖砌塔身，高40米，登顶可南望大江，北眺蜀冈，绿杨城郭尽收眼底。

杭州六和塔　六和塔，又名“六合塔”，是取天、地、东、南、西、北六方，以显示其广阔，即“天地四方”之意。该塔是北宋时吴越王为镇钱塘潮而建。现在的六和塔塔身重建于南宋，又于清光绪二十五年（1899），重建塔外木结构。1961年，六和塔被公布为第一批全国重点文物保护单位。

42

伊斯兰教在大运河沿线是怎样发生、发展的？有哪些知名的伊斯兰教文化遗迹？

伊斯兰教产生于7世纪的阿拉伯半岛，唐代初中期就通过外交、战争，依托陆路、海路等渠道传入中国。

除了从陆上丝绸之路传入中国外，伊斯兰教还通过海上丝绸之路进入中国并广泛传播。大量的阿拉伯和波斯商人乘船来到中国，沿着大运河由东南沿海地区向北方深入。北宋政府为照顾这些国外的商旅，特别为他们划定专门的居住区，允许伊斯兰教教徒与汉族人通婚，在各地兴修清真寺。运河中段的扬州，唐代时就有大批阿拉伯和波斯商人来此。宋元两代在扬州建的仙鹤寺，规模相当的大。宋代，越来越多信奉伊斯兰教的阿拉伯、波斯商人，传教士，工匠来到中国，他们聚集在广州、泉州、扬州、杭州、海南岛等地，这些城市纷纷建造起规模宏伟壮丽的清真寺。元代大都著名的清真寺就是始建于至正年间的东四清真寺，由伽色尼人阿合买德和不花剌人阿力掌教的牛街清真寺也很出名。当时，今河北定州，山东济南，河南开封、商丘，江苏苏州，浙江宁波等地，也都建有清真寺。

明代以后，运河城市扬州吸引了大批穆斯林经商居住，原来的仙鹤寺经历数次重修扩建。扩建后的仙鹤寺，与杭州的凤凰寺、泉州的麒麟寺、广州的狮子寺，并称我国东南沿海伊斯兰教“四大名寺”。运河北端终点的北京，明代时期又在前朝的基础上兴建了锦什坊街清真寺、安内（安定门内）清真寺、花市清真寺等，成为伊斯兰教在北方地区的传播中心。现在北京的牛街就是伊斯兰教文化传播的产物。当时，运河其他城镇也都广受伊斯兰教影响。天津的金家窑清真寺，河北临西的洪官营清真寺、沧州的泊头清真寺和清真北大寺，北京的常营清真古寺，山东德州的北营清真寺、临清的老礼拜寺和大清真寺、张秋镇的清真东寺、济宁的东大寺，均建于明代。另外，江南的镇江、常州、嘉兴也有许多清真寺建于明代。

目前，运河区域最出名的伊斯兰教遗迹有河北的泊头清真寺、济宁的东大寺、扬州的仙鹤寺与杭州的凤凰寺。

~~~~~~~~~~~~~~~~~~~~~~~~~~~~~~~~~~~~~~ 43

大运河沿线有哪些基督教文化遗迹？

元代，天主教开始传入中国。至元二十六年（1289），罗马教皇尼
~~~~~~~~~~~~~~~~~~~~~~~~~~~~~~~~~~~~~~

古拉四世派遣孟高维诺来华传教。大德三年（1299），大都第一座天主教堂竣工。大德九年（1305）八月，大都第二座天主教堂建成。元代，运河区域的镇江、杭州和东南沿海的泉州都有天主教传播。

到了明代嘉靖年间，天主教继续从海路传入中国，在广东等地率先建立教会；万历时传至苏州、扬州、丹阳、绍兴等运河城市。先后至运河地区传教的有意大利的利玛窦、龙华民和罗明坚，葡萄牙的罗如望，西班牙的庞迪我，还有德国的邓玉函等。传教士们不仅介绍西方神学知识，还把西方天文、历法、舆地、数理等自然科学传授给中国的士大夫，开启了一扇看西方看世界的窗户。一些运河地区的官僚士子也纷纷受洗入教。

至清代，天主教继续在中国传播。传教士汤若望曾任中国钦天监监正，并在北京修建教堂 1 座。清初，朝廷对天主教采取比较宽容的政策，教会势力有所发展。据不完全统计，至康熙三年（1664），运河地区的教堂达 10 多座，教徒达 3 万人以上。仅北京就建有南堂、东堂等 4 处教堂，教徒达 1.5 万人。 在江苏沿运河地区，常熟有教堂 2 处，教徒达万人；扬州、淮安各有教堂 1 处。在浙江沿运河地区，杭州有教堂 2 处。康熙十九年（1680），比利时籍传教士柏应理等来苏州传教，并扩建了当地的教堂。康熙四十一年（1702），法国籍神父龚当信在绍兴购房设立教堂，传教近 6 年。鸦片战争后，天主教从海路进入运河流域卷土重来，获得了空前发展，不但建造了一大批规模宏大的天主教堂和为数众多的分堂，而且还创办了一些教会和慈善机构。目前，保存较好的有嘉兴天主教堂、文生修道院，扬州天主教堂，天津西开天主教堂等。

44

大运河沿线有哪些水神崇拜遗址？

大运河水神信仰与道教文化相融合形成了独特的运河水神崇拜文化。大运河沿线的水神，有的是由治水人物演变而来，有的是道德楷模的化身……当地百姓将这些人物进行神化，与道教相结合，就形成了一批富有特色的运河水神。运河水神信仰主要有以下3个来源。

其一，治水名人演变。最早的治水名人要上溯到神话时代的共工和大禹。大禹重视实地勘察和总体规划，带领官民开发九州土地，辟通9条河流，实施了包括人工运河在内的大量水利工程，建立起了疏川导滞的河网和早期的农田排灌工程体系。后人将大禹奉为水神。浙东运河沿线的绍兴会稽山的禹陵，是为纪念这位治水英雄而建的。今天，在会通河畔的山东泰安宁阳县堽城坝附近也有纪念大禹的禹王庙。春秋时期开凿大运河最早一段古邗沟的吴王夫差和汉代开凿运盐河的吴王刘濞，则被扬州人民奉为运河水神，历来受到扬州人民的祭祀。在永济渠（卫河）畔的河南滑县道口古镇的大王庙则供奉了战国李冰，明代黄守才、张居正，清代朱之锡4位治水人物，以及南宋谢绪，共5位演变而来的水神。山东济宁南旺分水龙王庙则是为了纪念明代修建南旺枢纽的治水官员宋礼和民间治水能人白英而建的。

其二，道德典范演变。运河沿线供奉最多的是“金龙四大王”谢绪，即由道德典范演变而来的。谢绪是南宋灭亡时期自杀殉国的杭州人士，之后演化为“金龙四大王”，由民间护佑漕运的水神上升为国家祭祀的黄河与运河之神。淮扬运河沿线的露筋女也是道德典范化身的水神，后人将露筋女作为运河女神供奉，这凝聚了船民和渔民们祈求平安的心愿。浙东运河沿线供奉的水神曹娥也是道德模范的化身。

其三，宗教信仰或人物演变。淮扬运河沿线就有从道教传说演变而来的“九牛二虎一只鸡”镇水神兽信仰。传说道教始祖老子炼丹得道后，骑一头青牛升天而去，在人间留下 9 头牛、2 只虎和 1 只鸡，保护着山林湖泊不再遭灾。明代就有刘伯温设“九牛二虎一只鸡”镇洪水的传说。根据这个传说，1701 年，为镇住洪水，康熙皇帝命人用生铁铸造了“九牛二虎一只鸡”，将它们分别放置在高良涧、高堰坝、清江浦、马棚湾、邵伯更楼等淮扬运河的险要河段上。300 多年来，运河沿线的镇水铁牛成为老百姓祈求平安、避免洪水侵扰的崇拜偶像。在邵伯古镇，有的老百姓还让孩子认铁牛为干妈，有点生病小灾，以及孩子考学等都要去拜一拜铁牛妈妈。

图 2-9　淮安三河闸水利管理区内的镇水铁牛

45

在南北文化交流方面，大运河起到了怎样至关重要的作用？

大运河是一条文化的河流，它不仅直接串联起南北、沟通了黄河与长江，而且间接地连接起更为广阔的空间，对中国文化大格局的形成具有十分重要的作用。大运河促进了中国东中部的大沟通和大交流，并与陆上丝绸之路和海上丝绸之路的重要节点相联系，成为沟通陆海丝绸之路的内陆航运通道，在文化交流方面产生了深远的影响。

大运河的开通与历代的整修，对于古代中国北方先进生产技术与文化的向南传播，具有重要的交通走廊意义。自从隋炀帝开江南运河之后，江南与中原地区就联系在一起，从此，形成了北方与中原文化沿运河南迁的局面，北方民族的生活方式、文化成就、经济物资等通过运河的沟通，融入南方地区的社会发展之中，也直接促进了之后南方经济中心的兴起。

隋唐以后，北方与中原地区遭受频繁的战争与灾荒，古代中国的经济中心逐渐转移至江南地区。运河使江南的丝织工艺、陶瓷制造术、建筑术、造纸印刷术、指南针及各种文化书籍被大量输送至北方，江南的技术物产对北方与中原的生活方式与价值观念产生了深远的影响。同时，雄厚的物质基础也使江南成为全国人文荟萃之地，使之成为古代中国科举制度下官吏阶层、文人阶层最重要的来源地。大量江南士子或游学或求仕，多由运河北上，把江南社会的文化、风俗、生活方式带往中原与北方，这成为中国历史上重要的群体性历史与文化行程。

中国区域文化虽然众多，但以北方的齐鲁文化与江南文化最为可观。齐鲁文化本质上是一种伦理文化，而江南文化本质上是一种诗性文化。它们代表着中国人最基本的生存需要与文化理想，因而两者之间的双向交流十分重要。大运河使两种在原则上针锋相对的伦理与审美文化，在现实中获得了接触、理解与融合的可能，在两者之间起到重要的沟通与交流作用。正是因为大运河的沟通带来的南北文化交流，才形成了多元一体的中华文化。

46

如何传承弘扬大运河文化?

大运河是提炼、展示中华文明的精神标识和文化精髓的重要载体。我们要整合运河资源，放大运河文化影响力，通过凝聚文化共识，加强文化交流，将大运河国家文化公园建设成为中国与世界接轨的桥梁与纽带。

一要加强运河遗产保护展示，用保护成就展示运河文化。建设大运河国家文化公园首先要恪守对国际社会的承诺，将大运河文化遗产保护好。同时，还要加强大运河展示体系建设，通过建设一批运河博物馆和运河文化展示馆，利用实景、网上展示等手段，将大运河遗产保护的成果展示在中外游客面前，更好地体现文化自信，传播中华优秀文化。

二要提炼运河文化价值，用学术成果传承中华文化。要对大运河及沿线城市的文化价值与精神内涵做深度梳理与挖掘，形成一批研究成果。通过加强对现存大运河遗产资源的摸底调查、发掘研究，让大运河遗产的文化价值呈现在世人面前，唤醒沿线民众对大运河遗产的保护意识，增强全民族的文化自信，进一步继承弘扬运河文化，为实现中华民族伟大复兴的“中国梦”增添文化动力。

三要讲好运河故事，用优秀作品传播中华文化。自古以来，大运河就是中华文学艺术的摇篮。要推进大运河沿线城市地方文艺交流展演活动的提档升级，实现其表演的通俗化、市场化、国际化；要用从运河边成长起来的文学艺术形式创作新的运河文学艺术，如用京剧、昆曲、扬剧、淮剧、锡剧编演运河大戏；要撰写一批运河小说、运河诗歌、运河散文，拍摄一批反映运河文化的电影、电视剧、短视频等来传播运河文化，通过活化运河历史文化，潜移默化地传播运河优秀文化，让中华优秀文化“走出去”，深化文明交流互鉴，不断提升中华文化影响力。

四是发展文化创意产业，用产品产业弘扬运河文化。集聚大运河沿线关键资源要素，利用大运河文化丰富、生态良好的优势，发展运河文化产业，使大运河文化表达更符合现代审美品位和社会需求。要发展与大运河

图2–10　扬州运河文化产业集聚区

文化相关联的创意设计服务、文化软件服务、文化休闲娱乐服务、文化艺术服务等文化产业，推动文化产业与旅游、体育、农业、工业等相关产业深度融合，助力区域经济高质量发展。

47

如何构建大运河国家文化公园的六大文化高地？

围绕京津、燕赵、齐鲁、中原、淮扬、吴越等大运河沿线文化高地，拓展特色文化体验和展示空间，构筑多元一体的大运河国家文化公园体系，展现大运河丰富多彩的特色地域文化。

京津文化高地重点围绕漕运终点、水源工程、漕粮入京、京畿重地等文化主题，突出通惠河与元大都的都城同期勘察、规划、兴建、完工等历史事件，以及大运河北方终点和见证海漕转运节点等特征，充分彰显大运河兼收并蓄、海纳百川的京津盛景。

燕赵文化高地重点围绕弯道和减河技术、原生态景观等文化主题，突出人工做弯解决水量变化较大给航运带来困难等史实，挖掘传承沧州武术、吴桥杂技、董子儒学、太极文化、成语文化等优秀资源，形成大运河北方特质的燕赵雄风。

齐鲁文化高地重点围绕调水分水技术、梯级船闸工程、运河经济管理等文化主题，突出为解决大运河跨越水脊难题而建设各类水工设施等史实，充分挖掘齐鲁文化特质，突出大运河与儒家文化、泰山文化的融合，充分彰显儒韵风尚。

中原文化高地重点围绕漕运规划、运河仓储、隋唐古都、多元文化交融等文化主题，突出隋炀帝开凿通济渠和黄河夺淮（夺汴）等史实，着力体现大运河促进多民族融合的重要作用，以及隋唐时期大运河与中原文化相生相伴、相得益彰的深厚渊源。

淮扬文化高地重点围绕城河共生、黄淮运关系、漕运管理、盐运盐商等文化主题，突出国家级漕运管理机构驻地和解决运河会淮穿黄难题等史实，通过大运河国家文化公园建设保护，充分展现大运河绵延不断、历久弥新的淮扬文化特色。

吴越文化高地重点围绕漕粮之源、桥梁和复闸技术、城河共生、纤道技术、海丝港口等文化主题，突出江南运河对城镇发展的影响，以及浙东运河作为中外文明交流重要通道的特征，展现大运河细腻温柔、丰富多彩的吴越文化韵味。

48

大运河的原点在哪里？它开凿于哪个年代？

大运河的原点在扬州。如果说扬州是大运河的原点城市，那么这个原点就是开凿于公元前 486 年的古邗沟。公元前 486 年，吴王夫差在长江北岸的邗地（今扬州西北一带）修建邗城的同时，从邗城向北开挖了一条邗沟。这条邗沟是春秋时连接长江与淮河的唯一通道。郦道元在《水经注》中记载："昔吴将伐齐，北霸中国，自广陵城东南筑邗城，城下掘深沟，谓之韩江，亦曰邗溟沟，自江东北通射阳湖，《地理志》所谓渠水也。西北至末口入淮。”邗沟成为中国历史文献中记载的第一条有确切开凿年代的运河，也是中国大运河水系中最早的河段。无论哪个朝代，邗沟都是大运河体系中最关键的一段，发挥了沟通南北的重要作用。

东汉末年，广陵太守陈登曾开凿邗沟西道。隋代隋文帝曾整修邗沟东道用于运兵伐陈，这个东道就是夫差时期的古邗沟。邗沟真正上升为全国性的运河是在隋炀帝时期。隋大业元年（605），隋炀帝在开通济渠的同时，发动淮南民工10余万人，对邗沟进行大规模的整修和拓宽，邗沟又重新回到东汉陈登所开的西道。这条经过后代不断开凿与拓展的邗沟作为隋唐大运河的重要一段，北通淮河与汴水，南贯长江与江南运河、浙东运河，直抵大海，形成了以国都洛阳为中心，北抵涿郡、南达宁波的大运河体系，完成了中国大运河的第一次全线贯通。邗沟及其延伸段发展成为贯通中国南北、连接东西的黄金水道。作为漕运的主要通道，以邗沟为基础发展而成的隋唐大运河，以及元代贯通的元明清大运河，成为中国古代中央集权的多民族封建国家的经济命脉。

图3-1 位于扬州城北的古邗沟遗址

现存的古邗沟故道位于扬州城北，从螺蛳湾桥向东直达黄金坝，长1.45千米，目前作为景观河道使用。2006年，古邗沟被列入全国重点文物保护单位；2012年，被作为重要的遗产点列入大运河世界遗产预备名单。扬州对古邗沟扬州城区段的1.45千米遗产河道进行了环境整治，建起了古邗沟风光带，并在古邗沟旁复建了邗沟大王庙，用于供奉着春秋时期的吴王夫差和汉代的吴王刘濞。新的邗沟大王庙位于扬州古运河北岸，坐北朝南，建筑面积286.44平方米，硬山顶。庙前一副楹联最能说明扬州人对两位吴王的态度：曾以恩威遗德泽，不因成败论英雄。这副对联的横批是“恩被干吴（代指扬州）”，是说吴王夫差和刘濞的恩泽覆盖了邗吴地区的人民。

◎ **延伸阅读**

刘濞开运盐河

刘濞（公元前215—公元前154年）是大运河重要支流运盐河的开凿者。汉初，刘濞因战功被封为吴王，统辖东南三郡五十三城，定国都于广陵。他励精图治，谋求发展，开凿了由扬州茱萸湾经过宜陵向东行至海陵，再往东过姜堰、曲塘、海安，最终到南通如皋的运盐河，以将沿海的盐运到广陵，再通过邗沟运河运往各地。运盐河造福了扬州人民，促进了苏中地区的经济发展。人们为了纪念他的功劳，称这条河为“吴王沟”，并为他立庙祭祀。

49

大运河是如何与五大自然水系相交汇的?

绵延近3200千米的中国大运河自北往南跨越了海河、黄河、淮河、长江、钱塘江这5条中国的自然河流。大运河作为系统工程的首要特征是与五大自然水系相交汇。大运河与自然河流交汇处一般都建有不同形式的运口工程，这些维系船只在不同高程水平面通过的技术和工程，使大运河实现了与自然水系的顺利交汇，解决了在严峻的自然条件下修建长距离运河面临的地形高差、水源供给、水深控制、会淮穿黄等方面的一系列难题，保证了2500多年来大运河的持续使用。

古代水利专家在大运河与五大自然水系相交汇处各自有针对性地采用了不同的水工技术（见表3-1）：有利用单闸、复式船闸、多级船闸，甚至梯级船闸的，也有利用束水攻沙、蓄清刷黄技术的；有利用升船斜面的翻船坝技术，也有利用弯道技术减缓水流的；更有从借助自然河流行运，再到摆脱自然河流独立行运的工程；等等。这一系列的工程实践成为大运河独特的水工遗产，也是中国的水工技术领先于世界同期的力证。

表 3-1　大运河与五大自然水系相交汇技术列举表

河流名称	所用技术	代表性工程
海河	多级船闸	天津三岔口
	弯道技术	南运河三湾、连镇谢家坝
黄河	梯级船闸	清口枢纽、淮安三闸
	人工河道	泇河、皂河、中河
淮河	束水攻沙	木岸狭河工程、遥堤
	蓄清刷黄	洪泽湖大堤
长江	埭、坝、闸	邵伯埭、仪征拦潮闸
	复式船闸	真州复闸、京口澳闸
钱塘江	翻船坝、复闸	西兴过塘行

大运河与五大自然水系交汇的运口工程是世界上所有人工河段中最复杂的。从上表可以看出，大运河不愧为世界运河工程史上的创造性杰作。

图 3-2　大运河入江口

50

大运河上有哪些著名的单体工程？

船闸　大运河上有始建于 11 世纪的复闸实例——长安闸；始建于 13 世纪末的梯级船闸——位于会通河上的阿城上下闸与荆门上下闸；数项单闸——通惠河北京旧城段的澄清上闸、中闸、下闸；位于南旺枢纽，用于调控运河水量的闸群——柳林闸、十里闸、寺前铺闸；位于湖中运道的利建闸；位于清口枢纽，用于调控里运河水位的清江大闸；等等。这些实例以丰富的类型与长久的时间跨度证明了大运河在船闸工程方面取得的成就，并共同体现出中国式叠梁闸的样式与技术特点。元代，建石闸的工程十分艰巨，建一座石闸往往需要几年的时间，需要上千块大料石，用铁锭把料石锁成一体。清代，石闸则有了官方统一的建设规范。

升船斜面　我们的祖先很早就意识到，如果坡道的坡度适中，就有可能将运河中航行的平底船拖上斜坡，使之到达高水位。根据这样的原理，在运河沿线发明了并行滑船道，包括一组倾斜的石结构护墙，供船只在上面拖行。升船斜面是管理较为简单、对水源要求不高、解决船只在不同高程的水道上行驶的方法。嘉兴长安镇拖船坝遗址就是典型的升船斜面。

水库　运河上的水库主要用于航运，也称为“水柜”，是古代调节运河供水的蓄水工程。通常采取筑坝拦水或在运河两岸洼地筑围堤蓄水的方式，设闸控制，运河缺水时放水入运河，运河水大时放入水柜。特别是发生洪水时泄入水柜蓄存，待运河需水时回注。什刹海就是典型的运河水柜。

溢洪堰　为了在洪水上涨时减轻大堤压力，洪泽湖大堤设有数座溢洪堰，历史上曾一度达到数十座之多。现位于洪泽湖大堤上的头坝（信坝），是保存最为完好的溢洪堰遗址之一。堰顶部平日被临时土坝覆盖，水位上涨时冲去土坝即可达到泄水功效。头坝的设计运用了草土等临时性材料，以适应不同情况下的功能要求，体现出材料应用的巧妙，以及功能设置的系统性思考。

减水闸　始建于16世纪后期的刘堡闸是其代表。刘堡闸是明清时期淮扬运河沿线宣泄洪泽湖洪水的数个减水闸之一，当时淮河入海口为黄河所夺，只能通过淮扬运河的减水闸向东疏导入海。刘堡闸实证了明清时期减水闸的形制、构造与规模，是保障运河顺利穿黄而建设的一系列水工设施的重要组成部分，体现了水利规划思想方面的系统性与综合性。

水坝和土方工程　大运河上典型的水坝工程包括南旺枢纽的戴村坝与清口枢纽的洪泽湖大堤。中国古代的夯土技术非常发达，大运河上很多堤防、险工均为夯土筑成。通济渠商丘南关段、商丘夏邑段河堤遗址都采用夯土。清口枢纽的堤防体系缕堤、遥堤、格堤等全部由夯土建成，规模十分宏大。位于南运河的夯土险工，是在运河弯道处为防止水流冲击，采用夯土的方式进行护岸的工程，充分证明了夯土工艺的坚固性与科学性。

51

《梦溪笔谈》记载了最早的复式船闸?

宋代科学家沈括在《梦溪笔谈》中记载了最早的复式船闸。沈括一生致力于科学研究，在众多学科领域都有很深的造诣和卓越的成就，被誉为

“中国整部科学史中最卓越的人物”。其代表作《梦溪笔谈》内容丰富，集前代科学成就之大成，在世界文化史上有着重要的地位，被称为“中国科学史上的里程碑”。书中记录了宋代治理运河的众多官员的事迹及河工技术的高超。沈括还是一位亲历亲为的治水官员，他先后主导治理沭河、汴河工程，还领导实施了两浙地区的水利工程，为宋代的运河漕运也做出了贡献。

长江至淮河之间的邗沟运河在宋代被称为扬楚运河。这段运河自邵伯往南至长江边地势高差较大，为接纳江潮、调节运河水，人们在入江口和入江河段建设了相应的水工设施。从东晋时的邵伯埭到北宋的真州闸，都是为了引潮节水。宋代是扬州段运河的完善阶段。经过长期经营，扬楚运河基本形成了完善的工程体系。为调节水位且便于船只通行，人们沿运河修建堰闸，从而形成一个兼具航运、灌溉、排洪和防潮等综合效益的相对独立完备的工程体系。复式船闸真州闸就是在这一背景下修建的。宋代在运河上广泛使用的一项重要技术措施就是建造复式船闸。据史料记载，宋代在真州、扬州、高邮、楚州、泗州运河沿线建有斗门水闸 79 座。

扬州至仪征的仪扬运河上的真州闸是第一座复式船闸。沈括在《梦溪笔谈》中有一篇《真州复闸》的文章，记述了这件水运史上的大事，充分体现了复式船闸技术对运河漕运的革命性作用。复式船闸是运河航运实践中的一项重大发明，类似于现代的二级船闸，不仅能解决水位差的问题，而且能使过往船只的载重量大大增加。真州闸建成之后，扬州段运河上的北神、召伯（即邵伯）、龙舟等堰埭被相继废除，建为复闸。这一技术至今还被葛洲坝等现代水利工程所采用。正是有了《梦溪笔谈》的记载，才足以证明真州闸是中国第一座有文字记载的复式船闸。它比欧洲同类船闸早了约 400 年，在世界运河史上也具有一定首创意义。

◎ 延伸阅读

《梦溪笔谈·卷十二·官政二·真州复闸》全文

淮南漕渠，筑埭以蓄水，不知始于何时。旧传召伯埭谢公所为。按李翱《来南录》，唐时犹是流水，不应谢公时已作此埭。天圣中，监真州排岸司、右侍禁陶鉴始议为复闸节水，以省舟船过埭之劳。是时工部郎中方仲荀、文思使张纶为发运使、副，表行之，始为真州闸。岁省冗卒五百人，杂费百二十五万。运舟旧法，舟载米不过三百石。闸成，始为四百石。其后所载浸多，官船至七百石，私船受米八百余囊，囊二石。自后北神、召伯、龙舟、茱萸诸埭，相次废革，至今为利。予元丰中过真州，江亭后粪壤中见一卧石，乃胡武平为《水闸记》，略叙其事，而不甚详具。

52

澳闸技术有什么特点?

所谓澳闸，就是在船闸旁边建上、下两个叫作水澳的小型水库，用以蓄积流水或雨水，或接纳大江大河的潮水，再开凿小渠通向船闸，并以闸门控制。江南运河上的长安闸是大运河上现存的澳闸遗址。长安闸是连接江南运河和上塘河水系的重要水利枢纽工程，于宋熙宁元年（1068）由长安堰改成长安三闸，形成复式船闸与拖船坝并存的格局，是世界水运史上现存建筑年代最早的复式船闸实例。元至正二年（1342），于老坝之西增建新坝，这是现在长安镇拖船坝的前身，当时设专门机构进行运输管理与维护。清中期后，长安闸逐渐被废弃，现仅存遗迹。

复闸是由多个闸门组成多级闸室，通过联合运用，有效地平衡航道水位差，将河段的高差集中到一处之后分级控制，使得整条河段的水流都比较平稳，船只航行的条件得到极大改善。

配置澳及澳闸的复闸工程规划则更加精细，运行管理上的要求更高，船只的运行条件也能得到显著提高。一般澳闸都有两个水澳，分别以积水、归水为名。积水澳的正常水位高于或平于所连闸室（一般是上游闸室）的高水位（即复闸上游的水位），以补充船只过闸所耗之水，抬高闸室水位与上游平，以待下次开闸入船；归水澳的正常水位低于或平于下闸室的低水位，以回收闸室水位降低时的下泄水量，使其不流失到下游，同时其中的水可以根据需要提升至积水澳中重复使用。普通的复闸过一次船最少也要消耗（下泄）一闸室的水，而澳的存在则使这些本来要下泻流失的水得

图3-3　现存最早的复式船闸长安闸

以重复利用。

历史上完整的长安闸包括新老两坝、上中下三闸和储水之用的两澳。现存文物本体除老坝位置不可考之外，其他各闸、坝均能确认其位置，基本格局尚存。现各闸均改建为闸桥，闸基、闸槽保存完好。

长安闸是江南运河重要的水利水运工程遗产，首创运河闸澳制，达到了平稳航道、节约水量、水量循环利用的多重工程目的，是我国古代先进水利技术的实证，是反映运河水利设施发展和运河河道变迁的重要实物。

2012 年，考古专家对长安闸坝遗址中的下闸进行了考古发掘，发现了系统性设计建造的闸基、闸体。闸体后侧由石柱和两排石板组成，石柱与石板间都有“卡槽”，让两者对接得十分紧密。石柱与石板之间黏合的是古代的一种特殊的黏合剂，成分包括了鸡蛋清、糯米等。据初步判断，遗存属于宋代，这进一步证明了长安闸的历史价值。

53

元代大运河是怎样裁弯取直的?

元帝国在大都建立政治中心，完成对全国的统一后，如何解决南方经济中心供给北方政治中心的粮食需求问题再一次被提上议事日程。忽必烈在亲征南宋的过程中，尽览了南方的繁华，自然就想到了像隋、唐、宋一样，从南方运粮到大都。但因为南宋末年，黄河泛滥，先夺泗入淮，又夺淮入海，所以原有运河河道多处淤塞，不能行船。到了元初，在整个隋唐大运河体系中，只有江南运河、邗沟及御河部分河段能够顺利通航。因此，元初的漕运就是由江南运河、邗沟入淮后，再从淮河入黄河，到河南封丘一带，转为陆上运输，到达淇门后，再入御河，运到直沽（今天津），沿白沙河至通州的张家湾，最后从陆路运到大都。这条运输线路水陆并用，多次装卸，既耗费时间，粮食浪费也十分惊人。

元帝国迫切需要开通一条新的运河，解决大都的粮食物资供应问题。正是在这一背景下，在原有运河的基础上裁弯取直，开辟一条从江南直通大都的运河，成为当时的唯一选择。元代大运河这一浩大工程的主持人，是著名的水利学家郭守敬。郭守敬进行了大量的考察和测量，主持了一系列的运河工程，主要有开凿通惠河、济州河、会通河，治理北运河、南运河、江淮运河等。

经过一系列的开凿和治理，从杭州经江苏、山东，到大都的元代大运河终于形成了，实现了中国大运河的第二次大沟通。元代开通的大运河，是在隋唐大运河的基础上进行裁弯取直、弃弓走弦，不再经过安徽、河南，形成了南北直行的走向，从根本上改变了淮河以北大运河的格局，比隋唐大运河减少行程 500 多千米。这段运河分为 6 段，自大都到通州为通惠河，自通州至直沽为北运河，自直沽至临清为南运河，自临清至徐州为会通河（又称“山东运河”），徐州以下利用了黄河水道直到淮安，淮安至扬州为淮扬运河（又称“淮南运河”），过长江后，自镇江到杭州为江南运河。重新开通的元代大运河以大都为中心，直穿山东、江苏全境，径抵江南，沟通了海河、黄河、淮河、长江、钱塘江五大水系，把南北方各大经济区更直接地联系起来，由此奠定了之后的基本走向及规模。这就是后来的京杭大运河。

元代大运河直接沟通了元代的政治中心与经济中心，并沿用至明清两代。直至今天，它还在发挥着重要的通航和水利灌溉作用，成为维系中国大一统局面的纽带。

◎ 延伸阅读

三弯抵一闸

为了解决水量变化较大给航运带来的困难，南运河在自然河道的基础上，通过开凿人工弯道，以蜿蜒曲流的河道形态对航道水面坡降做出调整，将河道纵比降减缓，降低流速，便于行船，不建一闸就实现对航道水力特性的调整，同时满足干流河道行洪的需要，并有效地提高了通航质量。其综合工程效益被归纳为“三弯抵一闸”。在淮扬运河扬州段也有这种弯道抵坝技术。此种人工做弯体现了古代运河在工程规划方面的科学性。

54

大运河“水脊”在哪？南旺枢纽为什么是全线最具科技价值的节点之一？

大运河的“水脊”在山东济宁市汶上县的南旺镇，这里的大型综合性水利水运枢纽南旺枢纽是为了解决大运河跨越“水脊”难题而建设的。它通过疏汶集流、蓄水济运、泄涨保运、增闸节流等措施，科学地达到了引汶、分流、蓄水的目的，取得了对水资源进行年际、年内调节的效果，从而保障了大运河在之后 4 个多世纪中的顺利通航，是运河全线最具科技价值的节点之一。

南旺枢纽是大运河全线位置最高的段落，平均海拔 43 米，由地势最高点南旺分水口分别向南北倾斜，与会通河南北两端高差达 30 余米（明代测得）。

南旺枢纽主要由戴村坝、引水河（小汶河）、南旺水柜、分水口组成。元代初期，郭守敬修建济宁分水工程，在引汶河水济运时，没有选取运河的最高点，造成济宁至南旺一段运河供水不足，难以行船，要靠人力畜力拉过水坝，因此元代的漕运主要是通过海运实现的。明初宋礼等人重新开通会通河时，找到了地势最高的南旺，在南旺东北的汶河上修建了戴村坝，将汶河水抬高，经小汶河将抬高的河水引入运河，由运河沿线地势最高的南旺分水口汇入运河，向南北两个方向给运河供水。后来，为了精确调配供水与分水水量，又在南旺分水口南北两侧的水道中相继修建了柳林闸、十里闸、寺前铺闸等节制闸，向两侧调配供水水量，通过多闸的联动控制，实现了会通河南北段的分水比例定量控制，有效控制了水道航深。

图 3-4　济宁南旺枢纽遗址

针对汶河全年水量分布十分不均衡，汛期洪水水量占全年水量 70% 的情况，人们在引河水入运河处设置了多处水柜（南旺湖、蜀山湖、马踏湖等），蓄引多余水量和汛期洪水，以增加调剂运河供水的能力，并在水柜与运河之间设置了邢通斗门、徐建口斗门等水门，以调控进出水柜的水量。水柜同时也是“沙柜”，起到为运河防沙防淤的作用。在汶河洪水期间开蜀山湖、马踏湖闸蓄水，泥沙随之入湖，经过沉淀后，再引入南旺湖蓄积，沉淀后的清水再入会通河。有了沙柜的容蓄，泥沙不再流入运河，清淤也只需在沙柜集中进行，可间隔数年进行一次疏浚。后来，在分水口附近还修建了分水龙王庙建筑群等辅助设施，逐步完善了南旺枢纽的配套设施。

为严格管理会通河水源，南旺枢纽还围绕济运保水建立了一整套严格的航运、水利管理制度。明清两代均设立了严格的规定，禁止沿线民众侵占水柜湖泊用于农业生产，以此维持水柜的调蓄作用，使会通河漕运量大大增加，并得以畅通数百年。

55

戴村坝的作用是什么？

戴村坝位于汶河上的坎河口，作用是抬高大汶河水位，分流部分河水，经小汶河向南旺枢纽供水济运。

戴村坝初建于明永乐九年（1411），现为东北—西南走向，全长1500米，由三段组成，从南向北依次为主石坝、太皇堤和三合土坝。三部分既各自独立，又相辅相成，互为利用，互为保护，形成了“三位一体”的独特布局。最南端的主石坝呈南北向，长443米，自身又分三段，北边一段叫玲珑坝，中间一段叫乱石坝，南边一段叫滚水坝。滚水坝在三坝中最低，它的作用是在汶水开始上涨、小汶河水位超过安全界线后向西漫水，以防小汶河决口。北边的玲珑坝比滚水坝高0.1米，中间的乱石坝又比玲珑坝高0.2米。随着汶水水位的升降，三坝分级漫水，可调蓄河水储量。据水利部门测量，三坝先后漫水的数量与大汶河洪水的流量及小汶河的过水是互相协调的，因而既保证了小汶河持续供水，又能排洪防溢。坝略成弧形，弓背向着迎水面，以增强预应力。为保证跌水坡与坝基的安全，又在坝的跌水面修了一道缓冲槛，水经缓冲槛而减速，从而减轻了对坝的冲击力。整座大坝为石结构，重达1至6吨及以上的巨石镶砌得十分精密。为防止被洪水冲塌，石与石之间采用束腰扣榫结合法连接。大坝被一个个铁扣锁为一体，气势磅礴，雄伟壮观。

图3-5　南旺枢纽中的戴村坝遗址

主石坝北的太皇堤顺河向为东北—西南走向，为土石结构。汶水东来，太皇堤正面相迎，使水减速而南折再靠近石坝。这既能保坝，又能助三合土坝泄洪。应当说，太皇堤起着保坝抗洪的双重作用。

太皇堤北端接三合土坝。三合土坝走向与太皇堤相同，因用三合土筑成，所以称为“三合土坝”。三合土坝的作用主要是抵御特大洪水。清代后期，在对戴村坝进行整体维修的同时，朝廷增筑此坝。坝长 260 余米，水平高度比原坝面高 2 米。如果主石坝漫水水位超过 2 米，加之太皇堤吃紧，此时可以向三合土坝漫水，起到泄洪保坝的作用。它实为汶水的溢洪道。

戴村坝三位一体、相互配套的水利枢纽工程的建设，是我国水利工程的杰作，也是世界水利史上的创举。自 20 世纪以来，由于戴村坝仍是水利灾害多发的地区，政府曾多次组织对戴村坝的维修、加固工程。戴村坝至今仍发挥着稳定的水调蓄功能，情况较好，作为大运河重要遗产之一具有较高的真实性。

◎ **延伸阅读**

木岸狭河技术

北宋采用的先进的河道护岸工程和方法，体现了在 11 世纪人们对泥沙理论的掌握与实践水平。人们通过缩窄航道，加快流速，提高水流的挟沙能力，进而避免航道淤积。这反映出古代中国高超的地形测量、水文勘察、规划设计、水工技术、工程组织方面的科技水平，展现了中国古代水利规划与水利工程的开创性成就。

分层筑堰法

宋代科学家沈括所著的《梦溪笔谈》记载了熙宁五年（1072），采用分层筑堰法，测得开封和泗州之间地势高度相差 19 丈 4 尺 8 寸 6 分（60 余米）。这种地形测量法是把汴渠分成许多段，分层筑成台阶形的堤堰，引水灌注入内，然后逐级测量各段水面，累计各段方面的差，最后得到结果。人们对地势高度进行计算时，其测量单位竟然精确到了寸分，这反映了我国古代卓越的测量技术成就。

56

清口枢纽的作用是什么？

淮安的清口枢纽是大运河上的重大水利工程，由多处河道、水工设施、相关古建筑群或遗迹组成。

自 12 世纪起，黄河向南改道，从清口入淮河河道。由于黄河泥沙含量较高，原淮河河道不断淤积抬高，泄流日趋不畅，在清口上游潴积形成洪泽湖。自 14 世纪起，黄河、淮河、运河交汇的清口地区面临着由黄河泥沙淤积产生的河床抬升问题、黄河洪水倒灌入运河与洪泽湖的防汛问题、保障运河水位的供水问题，以及克服黄河、淮河、运河之间的水位差进行通航的工程问题等。

为此，15 至 19 世纪（明清时期），清口枢纽的主要工程目标在于防范黄河泥沙进入运河、利用淮河清水弥补运河与黄河之间的水位差，以及抬高洪泽湖水位以冲刷黄河河床淤积的泥沙等。

15 世纪初，为避免在黄河河道中行船面临的险滩等危险，明廷疏浚了宋代的沙河，将清江浦运河向西延长至鸭陈口，漕船由清口附近进入黄河。同时，在运河河道上建立一系列节制闸，控制水流，保障航运，其中包括清江大闸。

16 世纪，由于清口被黄河泥沙不断淤积抬高，运河无法从淮河供水，并在汛期常常被黄河倒灌。为了解决泥沙淤积和运河供水问题，设计者通过工程将西来的淮河河水储积在洪泽湖内，以不断加高加固洪泽湖大堤的方法，将洪泽湖水位抬高至超过黄河水位，导引湖水从清口流出，刷深黄河河道，并供应运河用水。同时，将运口南移，远离黄河，以便从洪泽湖供水，并在运口内建立多处闸坝，节制水位，防止淤塞。至此，具有防洪、挡沙和引水作用的清口枢纽初步形成。

在黄河水量大、泥沙含量高的背景下，清口枢纽持续受到泥沙淤积、河床抬高的影响。17 至 18 世纪，清口枢纽不断调整、改造相关工程设施，采取了导引淮河河水（引淮）、防御黄河决口（御黄）等多项综合措施，保障淮水顺利流出，进行刷黄济运。引淮措施包括：不断加高洪泽湖大堤，

图 3-6　洪泽湖大堤

以蓄积淮河河水；开引河，引洪泽湖水进入淮扬运河；建设转水墩、束清坝，以调控洪泽湖水位来冲刷河床，并使湖水三分济运、七分刷黄。

后来，人们将北运口南移至清口附近的杨庄，缩短借黄行运的距离；南移南运口，以南运口为核心建控制闸坝，以减轻黄河水倒灌。随着运口不断南移，清口枢纽的 U 形总体结构逐渐形成。

自 19 世纪开始，清口枢纽已放弃原先采用的“蓄清刷黄”的方针，改为以“灌塘济运”的方式通航。至此，黄河与淮扬运河的联系已实质上被截断。1855 年，黄河向北改道，夺大清河入渤海，清口水利枢纽也失去了原本的作用。

20 世纪后，淮阴船闸、淮沭新河、二河等水利设施在清口枢纽范围内陆续新建，替代了原来的水利枢纽，以调整淮河与运河的关系。如今的洪泽湖大堤、清江大闸等大部分相关设施成为遗址或弃用河道。

57

为什么说大运河是世界水利工程史上的伟大创造?

大运河是超大规模、持续开发的的系统工程，是综合水科学，水利技术，自然条件，社会经济、政治、文化等要素的集成性工程。它经由勘查、测量、规划、设计、决策、施工、使用的集成过程，通过经济保障、组织管理、运行制度的集成方式，实现漕运、灌溉、排洪等综合功能，是人类在农业文明时代的系统工程。

大运河是解决水与人、水与水、水与地理环境关联问题的系统性工程，由水道工程系统、运河水资源调配与控制系统和运输管理系统组成，因此必须基于引水、排水、蓄水、行运、仓储、防灾减灾等功能建造单元工程，以实现漕粮转输、商业运输、灌溉、防洪、城市供水等功能目标。由此可见，大运河的确是一项复杂的系统工程。这在大运河枢纽工程和关键工程区段体现得尤为显著。如：数量众多的梯级船闸工程解决的是北运河、会通河比降过大问题，南旺济运分水工程解决的是运河山东段水源问题，中运河开凿工程解决的是运河航道规避黄河之险问题，洪泽湖大堤和清口的“蓄清刷黄”枢纽工程解决的是黄河在运口淤垫倒灌问题，洪泽湖大堤上的减水坝工程和归江水道工程解决的是里下河地区一带的防灾问题，等等。虽然不同的枢纽工程所解决的问题不同，却都保证了大运河系统功能的实现，其作用并非简单的加和，而是通过大运河工程系统予以放大的。这是大运河作为系统工程的首要特征。

大运河漫长的航道开凿过程十分艰难，要维持它的长期正常通航更是不易。为了保障大运河稳定运行而建立的与之配套的工程管理、河道管理、运输管理制度，在长达二十几个世纪里发挥了重要保障作用，确保了长距离运输目的的实现，并使大运河发挥了多种相关的衍生功能，包括防洪排涝、供水、灌溉等。大运河的管理制度在各个历史朝代持续地适应了自然条件与政治经济要求的变化，在大运河的运行保障方面起到了极为重要的作用。制度创造是大运河作为系统工程的另一个重要特征，再次印证了大运河是人类农业文明时代工程领域的天才杰作。

58

大运河在建筑技术方面有什么突出成就?

中国大运河是世界上延续使用时间最久、空间跨度最大的运河，是世界运河工程史上的里程碑。中国大运河是世界运河史上的突出、独特的范例，它展现了农业文明时代人工运河发展的悠久历史和巨大影响力，代表了工业革命前土木工程的杰出成就。《国际运河古迹名录》将其列入世界上“具有重大科技价值的运河”。从 7 世纪初形成第一次大沟通迄今，1000 多年来大运河的主要线路走向没有发生大改变，济宁以南段至今还在发挥重要的航运功能。

可以说，中国大运河所解决的工程问题之复杂、投入的人力和物力之巨大，是世界任何地区运河难以比拟的。它在跨越五大自然水系和穿越不同地质条件的过程中，创造性解决了地形高差、水源供给、水深控制、会淮穿黄、防洪减灾、系统管理等六大难题，保证了自身长期持续通航。可以说，它是人类农业文明技术体系之下最具复杂性、系统性、动态性、综合性的超大型水利工程。大运河在从春秋时挖下第一锹，直至今天延续使用期间，几乎从来没有停止过修建，也从来没有停止过使用，一直在不断更新中保持了技术的适应性与先进性。2000 多年来，水系在变，河道在变，水情在变，水工设施在变，治水理念、治水方略、管理机构、运行机制也在变。可以说，大运河是人与自然共同作用、持续演进的结果。大运河的作用随着社会的发展在不断增加，从最初的运输物资、运送南来北往的各色旅人，到输水、灌溉、防洪，它一直都是中国大地上最重要的有生命力的文化遗产之一。

大运河的仓库建筑技术是具有代表性的建筑技术之一。大运河沿线的隋代回洛仓、自隋沿用至宋代的黎阳仓、唐代皇城中的含嘉仓，都是国家性漕运粮仓。回洛仓仓城保存完整，规模宏大，仓窖已探明数量达200余个，仓城面积为0.22平方千米。含嘉仓仓窖个体储量惊人，发现时尚遗存25万千克。黎阳仓沿用时长达5个世纪，见证了由地下仓至地上库的粮食仓储方式变化过程。仓城内的水道与码头遗迹，呈现了运河水道可直达仓城内部进行漕粮装卸的历史场景。仓储设施展现了不同历史时期，在大运河关键节点设置的仓储设施体系规模和形制，是大运河作为国家漕运通道主体功能的实证，也展现出隋唐时期的粮仓建造与粮食保存技术。

图3-7 隋代回洛仓仓窖遗址

59

大运河在规划设计方面有什么突出成就?

针对大运河开展的工程难以计数，几乎聚集了人工水道和水工程的规划、设计、建造技术在农业文明时代的全部发展成就。

其一，作为农业文明时代的大型工程，大运河展现了随着土木工程技术的发展，人工控制程度得以逐步增强的历史进程。

从利用湖泊为运道，发展为避开天然水系形成完全的人工河道（与天然河道平交的运口除外），风浪之险渐少，航行线路趋直。淮扬运河扬州段三堤两河的格局清晰地展现了河湖关系的变迁历程。中河段则是运河摆脱借黄河河道行运、大运河全段实现人工控制的标志。

调控水量水深的工程措施不断发展更新，从基本的斗门、堰埭、单闸，到水柜、梯级船闸、复闸，调节水位差和维持航道水深的能力均显著增强。长安闸的复闸工程、会通河的梯级船闸工程，体现了单体水深水量控制工程理念的逐步提升。在南旺枢纽中，将吞吐水量的水柜、调节水量的水柜与航道之间水深关系的斗门、分水口南北两端的单闸进行统一协调运作，组成将单体工程效能发挥到最大化的枢纽工程，实现对水的流向、流量的精确化控制。这体现了对水工设施效能认知与规划设计思想的一大进步。

其二，现存的运河遗产类型丰富，全面展现了传统运河工程的技术特征和发展历史。

河道　有的段落利用天然河流改造而成，如南运河在自然河道的基础上增加了人工做弯，减小比降，使流速平缓，保障航运安全，起到了“以弯代闸”的功效。有的段落完全由人工挖筑而成，如通惠河、会通河、中河。按照具体功能，又可分为用于通航的主航道、越河（如中河段的台儿庄越河）、满足江南水网地区粮食征集需求的支线运河（如頔塘故道），以及用于水量调控的引河（如南旺枢纽的水源引河小汶河）和汛期泄洪保障运河安全的减河（如北运河筐儿港减河）。

单体结构　依据《国际运河古迹名录》对单体结构的分类，大运河在船闸、升船斜堤、土方工程、水库、水坝、溢洪堰、泄水闸、桥梁、仓库工程类型方面都具有典型代表性。这些工程及其遗址主要以土、石、木、砖、竹等为材料，其设计理念和工艺源远流长，可称为农业文明时代水工程的“百科全书”。

60

中国大运河与其他世界遗产运河相比在修建动因与功能上有什么不同?

与其他世界遗产运河相比，中国大运河有以下不同。

中国大运河是由国家统一组织建设、统一管理维护的运河工程，具有独特的修建动因与功能——漕运，这使其成为人类运河工程史上的独特案例。在工程技术特征上，大运河是农业文明时代运河工程的杰出代表，其因地制宜、因势利导的规划思想与适应性、动态性的技术特征具有中华文明的典型特征，在系统构成上具有综合性，在单体结构上具有典型性。大运河历史上两次大沟通所形成的时空跨度，使其成为人类历史上开凿最早、沿用时间最久、空间跨度最大的人工运河，并由此见证了运河工程在文明进程中深刻的影响力。

中国大运河是历史悠久的漕运文化传统的直接见证，是世界运河遗产中的独特案例。它的开凿肇始于满足区域级的粮食和军事物资运输目的，在中国历史进入统一帝国之后，它便成为在广大的国土范围内调运物资、维系统治的重要载体。大运河一直以来由国家建设、国家管理，其承载的漕运功能成为历代王朝共同沿用的制度。正是由于独特的修建动因与功能，大运河具有了独特的价值特征，与东西方的其他运河遗产显著不同，成为人类运河遗产的一个独特案例。

大运河作为漕运的物质载体，是维持一个农业帝国有序运行的不可替代的命脉。对漕运的坚持，使大运河得以持续开发。在没有成熟的科学理论支撑的条件下，依赖于经验积累而展开的运河工程体现出长期演进的特征，包括发明、改进、退化、停滞等过程，这些过程在大运河申遗中有着清晰的体现。如：清口枢纽遗址见证了明清两代几百年与黄河抗争的历史，南旺枢纽遗址也体现出随着认识与实践的积累而进行的持续100多年的建设过程。大运河全部的遗产则更为全面地体现在它形成第一次沟通之后的1400多年里，其工程技术与管理制度持续演进的历史特征。

对漕运的坚持，甚至使大运河在与自然的共同作用下大大改变了地貌，在广大的国土范围内形成了新的自然生态环境。海河流域由于大运河自南而北的截断，由过去多条河流直接入海，成为多条河流汇聚为一条河流入海的扇形结构。大运河与黄河的抗争促使了淮河下游两大湖群——南四湖群、洪泽湖群的形成，也使淮河借运河汇入江海。这些都与大运河工程对自然环境的长时期持续人工干预密切相关。

对漕运的坚持，使大运河见证了中国封建大一统帝国从形成到鼎盛到衰亡的过程。大运河影响着帝国都城的选址与城市规划，也影响着沿线工商业城镇的兴起、繁荣与衰落。大运河极大地便利了南北不同经济文化区域的联系与交流，塑造了沿线一代代人“逐水而居，枕水人家”的生活方式，衍生出丰富长久的经济、社会、文化价值。

上述由于修建动因与功能不同而形成的独特价值特征，使中国大运河不仅与担负工业生产运输任务的欧美运河区别开来，也与人类早期文明时期主要承担输水、灌溉功能的人工运河区别开来，如中东、南亚的运河。中国大运河由此具有了不同的技术特征、管理系统与广泛影响，是人类运河工程史上的独特案例。

图 3–8　济宁微山县湖中运道

61

中国大运河与农业文明技术体系下的其他运河工程相比有什么独特之处?

整体来看，中国的水利工程较之世界上其他地区的水利工程来说具有特殊性和原创性。这首先是由中国特殊的气候与水文特点决定的。我国的降雨量在不同地区、季节之间的分布极不平均，这导致了南北方地区之间河流特性的巨大差异，以及自然河流年径流量的巨大反差。无论是天然河流的使用还是人工运道的开设，都要注重四季水源的调配问题。其次，水利工程在国家事务中具有极为重要的地位，治水成就是历代帝王最被颂扬的功绩之一。因此，有史以来，重要水利工程均为国家组织兴建并进行维护的。再次，中国的水利工程技术特征往往与河流治理密切相关，为了应对每年都会面临的洪水风险，岁修成为一种重要传统。最后，就地取材以进行低成本、常态化的维护，并与工程的应急性质相适应也成为一种工程技术特色，如夯土、埽工的采用。

与农业文明时代重要的人工水道工程相比，大运河体现出基于航运功能需求的鲜明特征与技术成就，具有一系列独特的工程实践，如单闸、复闸、梯级船闸、升船斜面、弯道工程等，以维系船只在不同高程水平面的通航。其中，复闸与越岭运河是大运河开创性的技术成就，在世界运河工程史上具有重要意义。长安闸是建于 1068 年的复闸实例，是世界上现存最早的复闸实例，并与成书于 11 世纪末的文献（沈括的《梦溪笔谈》）内容相印证。欧洲类似复闸较为肯定的例子则是在约 300 年后出现。复闸的发明的确是大运河在世界运河工程史上的一大成就，代表着当时水运工程与管理方面的最高水平。会通河是 13 世纪前跨越地形高差最大的越岭运河。它跨越大运河整体最高点，其两端与中部高差约 30 米。水源工程、梯级船闸工程的实施，成功解决了越岭运河的水源调配与水道水深控制的问题。会通河的建成比欧洲最早的越岭运河早了 100 多年，其梯级船闸工程几乎先于欧洲最早的类似工程 300 多年。在世界上最早的以满足航运需求为目的的水源工程中，南旺枢纽水源工程比米迪运河水源工程（1667 年开始修建）也早了 200 多年。

62

中国大运河与工业革命时期的运河相比有什么不同之处？

欧美的运河开凿、运行时间较晚，主要都在 17 世纪以后，它们代表的是工业革命后形成的技术成就。工业文明时代的运河工程基本技术特点是：其一，由于蒸汽动力船的普及及运输船吨位的增加，要求运河水道更深、更宽，同时蒸汽船速度的提升也要求河道形态更直；其二，工业时代又被称为“钢铁时代”，钢铁逐渐取代了传统自然材料成为运河修建中的重要建材，因此这一时期的运河出现了钢铁水道桥、船闸等水工设施，相对于古代水工设施来说，它们的构造更为复杂，体量也更大；其三，近现代西方科学技术知识的发展也为这一时期的水利工程技术奠定了基础，使得人们能够进一步克服自然环境的限制，完成更高难度的水利工程；其四，体现出较为清晰的技术传播过程。

中国大运河与工业革命时期的运河相比，代表了人类在不同文明时期的工程技术成就。在大运河申遗前，《世界遗产名录》中的运河均为工业革命时期的水利规划与工程技术典范。这些运河都修建于17至19世纪。能源动力和建筑材料的革命性突破，使得建造大型船闸、大坝成为可能。船闸和水库的运用，使运河水路路线更加短。这些运河无疑是这一时期留下的伟大工程。

米迪运河、布里奇沃特运河、伊利运河、里多运河，以及早先对这些运河都具有一定启发意义的荷兰的运河工程技术，是欧美同一技术体系之下运河建造的具有不同特点的范例，展现了一个完整的技术转移过程和不同时期、不同技术发展阶段，以及因不同功能需求而传承并各自创造的特点。它们代表了世界水利工程史上欧美工业革命技术时期的典范成就。

中国大运河与这些工业革命时期的运河的不同之处，在于它们代表了不同文明阶段的工程技术成就。发端并形成于农业技术体系之下的大运河，使用有限的土、木、砖石乃至芦苇等材料，在没有石化动力，只能依靠人力、畜力的时代，以及没有现代测绘与泥沙动力学等科学技术的支撑下，依靠空前的想象力与长时期的实践积累，完成了在广大空间范围内的水利资源勘察与线路规划，实现了多项技术发明与大型枢纽工程。这充分证实了大运河是人类农业文明时代杰出的运河工程，以及它在建造与管理维护方面所取得的成就。

63

大运河与灵渠相比有什么不同之处?

灵渠的开凿始于公元前219年，距今已2200多年。灵渠全长约34千米，是世界上第一条已知的等高线运河；大运河则是世界上第一条实现穿山越岭的运河。两者都是古代运河工程的代表作。大运河与灵渠，两者的相同之处主要包括：都是早期沟通不同流域的运河实例，在规划线路上都体现了高超的勘查、测量、规划水平；都依据弯道代闸原理采用了弯道设计，都具有以堰、坝壅水而引水的水源工程；都采用了一系列水闸工程对水量水深进行控制，也都具有洪水宣泄设施，同时均沿用至今。两者为同一工程技术体系的成果，各方面技术成就在时间上互有先后，在理念、经验上互有启发。两者由于在自然条件、主体功能等方面存在差异，在工程技术体系构成、技术特征等方面有以下显著不同。

一是工程主体功能与技术体系构成不同。由于北方水资源条件匮乏，在水源紧张的地区均采取严格的法令与措施，禁止人们使用大运河水源进行灌溉，以保障航运所需水量。灵渠由于位于南方，水资源条件良好，一直兼有灌溉功能。大运河以保障其航运功能为首要目的，在工程系统上目标更为明确，在体现以航运为主要特征的人工水道工程措施方面更有代表性。同时由于漕运功能的需要，大运河沿线设置了多处漕仓、漕运管理等设施，这体现了其独特的功能构成。

二是工程措施规格、标准不同。大运河的规划、实施、管理维护一直由中央政府直接组织。如：各河段的开挖、维护均由中央政府统一调度实施，关键工程如南旺枢纽、清口枢纽等均指派国家最高级别的水利管理官员指挥，在河道、单体结构建设及船只建造等方面有统一的标准，在施工工艺、运行管理方面有严格的规范。灵渠为地区级运河，一直由县级行政机构管理，采用民船进行运输，河道宽度、深度、规模有限，其工程措施简朴、易行。大运河的闸的形式有统一的标准，为叠梁闸形式，有专门人员、机构进行管理。灵渠的闸为陡门形式，较为简单，其管理更多采取自备工具、自助互助运行方式。

三是工程系统的集成程度不同。由于大运河线路空间跨度广大，各区段面临的水资源、地貌条件不同，应对的问题不同，因而诞生了多种类型、深具个性特点的工程案例。这些不同的区段有机组合成整体，共同发挥作用，才能使大运河长年保持全线通航。因此，在运河工程技术整体的系统性上，大运河的集成性比灵渠体现得更为突出。

四是沿线遗址遗存不同。大运河沿线的考古遗址，真实、生动地反映了隋至宋大运河早期河道、驳岸、堤防等真实的形制、规模、材料、工艺，而灵渠目前的水工设施主要为清代遗存，对早期的运河工程单体结构技术特征反映不多。

五是功能与影响力不同。大运河是国家漕运的干线，是国家的经济命脉，在国家事务中具有重要地位，其持续的开发对沿线的经济、社会发展具有极为深远的影响，更加显著而深刻地体现了运河的经济、社会功能。灵渠则没有此功能。

◎ 延伸阅读

陡门

陡门不像船闸一样具有闸门，其启闭使用一套工具进行，包括陡杠（大木棍）、陡簟（用竹篾编织而成的大席子）等一些极其简易的器物，以及运用一套特殊的操作方法来完成。关闭陡门时，先用两根陡杠一上一下横

图 3-9　灵渠第一陡门开闸

放在两边墩台的槽口内，再放一根小陡杠使之与上下两根横陡杠相交，在相交部位用绳索固定，随后将一张张陡簟垂直固定在陡杠上，形成一道临时的拦河坝，从而阻挡水流。这就完成了陡门的关闭操作。如要打开陡门，则撤去这些堵塞之物即可。

64

大运河上的纤道是什么？有什么作用？

大运河上的纤道是古代以人力背纤为行船提供动力的通道，是运河船运的重要辅助设施。

吴江古纤道旧称“九里石塘”，是吴江塘路的一部分，位于苏州吴江松陵镇南，现存约1800米，始建于唐元和五年（810），宋庆历八年（1048）增石维修，元至正六年至七年（1346—1347）复以巨石修筑。修筑时所垒的巨石由石工凿成统一尺寸（长1.8—2.2米，宽0.6米，厚0.4—0.5米）的青石，路基用直径10—12厘米的杉木梢打入土中。明清时期，吴江古纤道既是运河河岸又是纤道，还被充作驿道，是水陆并用的交通要道。吴江古纤道为江南古塘路中最重要的一段，其科学性、实用性、美观性较高，成了后来许多塘路效仿的典范。

绍兴古纤道位于浙东运河萧山—绍兴段的沿岸，是绍兴独有的桥、路相结合的古道。在萧绍运河中，有些河段河面较宽，风急浪高时，有碍船只正常航行，需步行拉纤。近岸处弯弯曲曲，拉纤十分不便，古人便兴建了一条与运河并行的长桥——纤道桥。古纤道全长约7500米，始建于西晋。当时开凿西兴运河后，即逐渐在岸边形成纤道。唐元和十年（815）进行大规模修整。明弘治年间改用石砌纤道，形成现有规模。

绍兴古纤道有单面依岸和双面临水两种类型。前者用条石错缝平砌间丁石或用条石顺丁垒砌，其上横铺石板为路面。后者又分为实体纤道和石墩纤道，其中实体纤道用条石错缝平砌间丁石，上铺石板。石墩纤道的做法是每隔2.4—2.8米，用条石错缝干砌桥墩，上置石梁，计281洞。纤道上还每隔里许间以石拱桥或石梁桥，以通行船只。

古纤道蜿蜒曲折，逶迤多姿，道上梁桥、拱桥多，有“白玉长堤路，乌篷小画船”的景观，极具江南水乡特色。纤夫使用纤道，既提高了航运效率，又确保了自身的生命安全。在没有机械动力的过去，纤道可以说是一种天才的创造。

随着交通运输事业的发展，运河上来往船只的驱动方式已变为机械驱动，古纤道的功能演变成观光旅游、欣赏水乡景色等。

图 3-10　壮观的运河古纤道

65

什么是糯米大坝?

南运河沧州—衡水—德州段上设置了众多的弯道，以达到减缓纵比降，降低河水流速而方便行船的目的。但是南运河地势较高，有些河段高于两岸地面，全靠堤防约束，而堤防多弯曲，易导致堤岸塌落，险段甚多，因此弯道处也成了防洪重点。为了保护弯道河岸附近的村镇聚居区，南运河多采取夯土加固工程措施，弯道附近的河堤被不断加固加高，成为运河沿岸的附属防洪设施。其中，连镇谢家坝和华家口夯土险工是南运河上仅存的两座夯土坝，建堤坝时都掺有糯米浆，这种工艺使得堤坝非常坚固。这两处申遗点也是中国大运河唯一两处采用糯米泥铸建的大坝，是大运河河堤防洪设施的典型代表。

连镇谢家坝位于河北沧州东光县连镇镇的南运河东岸，在运河五街、六街交界处。连镇谢家坝建于清末民初，为连镇一姓谢乡绅捐资兴建，故名谢家坝，准确建造年代未见记载。谢家坝现存坝体全长 218 米，高 5 米，稳定性好，局部风化。2002 年，河北省文物研究所在组织《中国文物地图集 · 河北卷》大运河调查工作中发现了连镇谢家坝。2006 年，连镇谢家坝作为京杭大运河一部分，被国务院公布为第六批全国重点文物保护单位。2008 年，河北省大运河文物资源调查队和大运河规划组对连镇谢家坝进行了详细的现场勘察。

华家口夯土险工位于河北衡水景县安陵镇华家口村南的南运河左岸，建于清末。现存坝体全长 255 米，虽经历过几次大洪水的侵袭，但主体结构仍然大部分留存，局部风化。

两坝均为灰土加糯米浆逐层夯筑，夯土以下为毛石垫层，基础为原土打入柏木桩筑成，夯土层每步厚18—22厘米，平均收分[①]20%。它们保存了历史时期的材料、工艺特征，是中国古代利用夯土技术建设水工设施的实物证据。如今，这里逐步建起了防护栏等旅游设施，驱车数百千米到南运河看糯米大坝成为不少北京、天津、石家庄“驴友”周末的选择。

66

最具代表性的水陆城门在哪？其技术方面有什么特点？

苏州盘门是苏州城墙西南角的水陆结合的城门，是苏州古代军事、水运的重要通道，位于江南运河苏州城区运河故道上，是连接大运河与苏州古城的一个重要节点。其功能为战时守城防御、汛期防洪泄洪、平时水陆通行。

盘门始建于公元前514年。元至正十六年（1356），张士诚占据苏州，各城门增建瓮城。盘门瓮城后又经明清两代多次修建。1983年修复城门以东城墙300米，1986年在陆门城台原址上重建城楼。现苏州城墙已残缺不全，仅盘门水陆城门完好如昔。

盘门由两道陆门、瓮城与水门组成，门朝东南，水陆两门错位并列，包括两道陆门和两道水闸门，巧妙地组合成一个整体。两道陆门间为略呈

① 也作“收溜”，建筑术语，指两端不同粗细的柱子从粗向细逐步收缩的做法。

方形的瓮城。水门内设置两道水闸，起军事防御与调控水位的作用。通过水门的设置，可以较好地解决城市防洪、泄洪的问题。盘门的水门采用“面东背水”抹角做法，避免了水流的直接冲击。

杭州凤山水城门是位于杭州中河—龙山河上的古代水城门，处于杭州古城南端，扼守江南运河通往钱塘江的水道。水城门门洞由两个不同跨径的石拱券并联而成。南券中间有方形闸槽。两券间有石雕门臼，原有木质城门。元至正十九年（1359），张士诚组织重筑杭州城，始建凤山水城门。明代，凤山水城门重建，现作为杭州城墙遗址的一部分对公众开放。

图 3-11　苏州盘门

67

大运河上的古桥体现了怎样的技术特点?

大运河上有无数座桥梁，其中宝带桥（苏州）、八字桥（绍兴）、长虹桥（嘉兴）、拱宸桥（杭州）、广济桥（塘栖）是大运河沿线众多桥梁中最典型的代表。它们体现了古代中国桥梁工程设计与施工的卓越水平。

宝带桥是 53 孔薄墩联拱石桥，长度超 300 米，以密集木桩处理桥墩基础，采用榫卯结构连接砌筑石块，适应了南方软土地基经常出现的沉陷、变形情况。宝带桥既是桥梁也是纤道，同时也可以宣泄来自太湖的水量，具有复合功能。宝带桥位于苏州南部的吴江塘路上，始建于 816 至 819 年，形似宝带，因此得名。1442 至 1446 年，改建为 53 孔连拱石桥，沿用至今。

八字桥是中国早期简支梁桥中的孤例。建造者根据特殊地形，设计了跨越三河、沟通四路、状如八字的桥梁，巧妙地解决了复杂的水陆交通问题，因此该桥是结合周边环境、因地制宜的合理设计。八字桥位于绍兴越城区八字桥直街东端，为梁式石桥。主桥东西向，横跨稽山河，净跨 45 米，总长 32.82 米，高 5 米，桥洞宽 3.2 米，全部用花岗岩条石砌成，副桥架于两侧的踏跺（引桥）下。宋代的匠师们非常聪明地利用了这里的天然条件，设计时把桥址选在三河交汇点的近处。八字桥桥形非常优美，其踏跺东侧沿主河岸向南北两个方向落坡，西侧向南面、西面两个方向落坡。从北边的广宁桥上过来沿着这条主河岸，可直达八字桥顶，从桥上再可分两边南下或西下。这两条踏跺下面又各筑有两座方形桥洞，跨越两条小河。走下桥后，往北回首，这两条踏跺极像一个巨大的“八”字。八字桥平面布置独特，架三桥、跨三河、通三街，但整体看上去是一座桥，这既解决了水陆交通问题，在建桥时也不拆屋、不改道，与周围原有的环境自然地融于一体，是我国桥梁建筑史上极为优秀的范例。

长虹桥、拱宸桥、广济桥均为高拱石桥。这些高拱石桥采用预应力的施工方式，以增加桥拱负载，减少变形；采用剪力墙结构，以抵抗变形应力；采用榫卯构造而非黏合剂进行砌筑，以适应微小变形的需要。拱券薄到非常大胆的程度，如拱宸桥拱石厚度只有30厘米。3座桥梁中孔跨度都在15米以上，通航净空大，利于大货运量的船只通航。

第四篇 绿色生态

68

大运河产生的自然背景是什么？

中国地形总体为西北高东南低，呈三级阶梯，自西而东，逐级下降。山系以东西走向和东北—西南走向为主。这种山系分布情况决定了中国自然河流以东西走向为主，天然形成的江河水系大都是从西往东汇入大海的。中国东部自北向南分布着海河、黄河、淮河、长江、钱塘江等水系流域。这种水系分隔的地理环境是大致为南北向的大运河产生的自然背景。

大运河沿线自北向南横跨两大自然气候带——温带季风气候、亚热带季风气候，气候条件千差万别，水资源分布在地域和空间上存在极大差异。北方的华北平原年平均降雨量为 500 毫米至 700 毫米，淮河以南至钱塘江流域则为 1000 至 1500 毫米不等。中国东部地区全年降雨量的 60% 至 80% 集中在 6 至 9 月的 4 个月里，其中主汛期一个月的降雨量占全年降雨量的 50% 以上。可以说，我国水资源特点主要是地域分布不均，年内、年际分布不均。这种特有的气候水利条件决定了水源问题、防洪防汛问题是大运河面临的严峻挑战。

此外，大运河还受到黄河的巨大影响。在黄河的影响下，大运河沿线多条河流不断改道，相关湖泊陆续形成、消失，对大运河的维护造成了较大的困难。中国历代政府不得不投入大量人力、物力疏浚河道，建立和维护大量水工设施和综合枢纽，以解决黄河带来的诸多问题，保持运河的持续通航。

以上多样的自然条件使中国历代政府难以直接利用自然河湖水系建成沟通南北的人工运河，也为维护内陆运输水道带来较大的困难。同时，这种多样的自然地理背景也使大运河各个段落具有各自鲜明的特征。

其中，位于华北平原平坦的冲积扇上的南运河弯道较多，水流平缓；位于山东丘陵西侧的会通河是大运河沿线地势最高的段落，面临水源供给不足的巨大困难，因而修建了规模巨大的水源工程，是世界运河建设史上的里程碑之作；位于与黄河、淮河交汇处的中河和淮扬运河，为了解决运河穿黄河、减少黄河淮河水患、避免泥沙淤积等问题，在历史上不断进行相关设施的修建和维护，发展出一套应对黄河影响的措施，建设了代表 17 世纪世界范围内处理泥沙问题先进水平的清口枢纽；位于长江三角洲的江南运河则是具有水源充沛特点的网状形态的水道体系。

总之，中国东部多样的地形气候特点不仅给大运河的建造和维护带来了艰巨的困难，也造就了大运河沿线各具特色的河道分布和技术特点，决定了大运河必须通过利用且改造自然来实现贯通南北的目的。

69

早期的运河为何要利用自然水系？淮扬运河是如何从借湖行船到河湖分离的？

由于古代生产力不发达，生产工具不先进，人们在开凿早期运河时，尽量地利用了自然水系，辅以简短的人工河道将其连缀而成。

淮扬运河就是最有代表性的例证。淮扬运河北接淮河，南至扬州邗江区瓜洲镇入江口（1958 年开了主圩入江口），连接了白马湖、宝应湖、高邮湖、邵伯湖，以及宝射河、大潼河、北澄子河、通扬运河、新通扬运河、仪扬运河等主要河流。在古代生产力不发达的条件下，我们的祖先正是利用这些自然的湖泊、河道，加上连接一些较短的人工河道，建成了大运河最早的河道。后来，大运河不断进行河道渠化，形成了河湖分离的状态。

自邗沟开凿以后，沿线湖泊与邗沟互为表里，这有利有弊。狂风夹浪溃决堤防，导致船只漂损，是其弊端；湖中蓄水，有益灌溉和船只航行，是其利处。淮扬境内湖泊众多，在漕运中发挥了重要作用。随着生产力的发展，汉建安二年（197），广陵太守陈登因射阳湖风涛大，损坏船只，将河线向西移动，不再经过博芝湖，而是由樊良湖北口穿过白马湖，再转向射阳湖入淮。因此，原来的河线被称为“东道”，改变后的被称为“西道”。晋代邗沟河线发生三次大变迁，其中第二次、第三次变迁都是因为湖中多风，从而更多地利用了人工河道。

宋代，为避开淮安以南湖中行运的风浪之险，开始实施河湖分离；为调节水位且便于船只通行，开始沿运河修建堰闸；为解决西来淮河河水的去路问题，开始沿运河东堤修建泄水设施。宋天禧四年（1020），江淮发运副使张纶于高邮北沿湖筑堤 10 万米，并在湖堤上用巨石砌建了 10 座石闸，以供湖水涨溢时宣泄。此为大运河有西堤之始。宋元祐年间，宝应地区修筑土堤 10 万余米、涵洞 180 座、石堰斗门 36 座。宋绍熙五年（1194），淮东提举陈损之新筑江都县至淮阴大运河大堤 9 万米，名其为“绍熙堤”。自此，逐渐实行运河与湖泊的分离，避免了船行湖中的风浪之险，还使高、宝诸湖成为调节运河水量和水位的水柜。

明初，为避免船行湖中屡遭覆溺局面的发生，采取了建闸以节其流，筑堤以防溃决，设浅铺避淤浅，做到蓄泄有利，减少水害。明洪武九年（1376），用砖砌护高宝湖堤 30 千米，在界首到槐角楼之间开直渠 20 千米。此为大运河有东堤之始。明万历二十八年（1600），开挖邵伯、界首月河，使运道离开邵伯湖、界首湖。宝应月河、康济河、宏济河、邵伯月河、界首月河相继开成，连成了一条长河，宝应至邵伯之间实现了河湖分离。

1950 年代，政府组织运河的恢复和扩建工作，3 次拓宽疏浚古邗沟，局部裁弯取直，引水通航有所改善。今天，大运河扬州段形成了河湖并行的独特景观。

图 4-1　古代曾经借湖行船的高邮湖

70

大运河上有哪些因地制宜、因势利导的生态工程案例？

大运河流经区域的自然地理状况异常复杂，人们在开凿和建设过程中创造了众多因地制宜、因势利导的工程案例。在解决水源问题方面，有南旺枢纽工程；在解决比降过大问题方面，针对河道的不同条件，有会通河梯级船闸工程和南运河弯道工程；在解决泥沙问题方面，有在通济渠柳孜运河遗址所展现出的“木岸狭河”技术，即采用将木桩密集排列打入河中的方法，使河床束窄，水深加大，水流加快，以改善航运状况，并起到将断面宽度缩窄后，冲刷河床泥沙的作用。这体现了在隋唐宋时期，古人就已认识到泥沙问题与河流流量、流速的关系。

元明清时期，黄淮运在淮安交汇，为解决黄河在运口淤垫倒灌问题，规划建设了清口枢纽工程。从规划思想到工程实践，充分体现出因地制宜、因势利导等富有中国文明特征的工程技术特点。采用“束水攻沙”“蓄清刷黄” 的理念，体现出对泥沙科学的全面、深刻认识。清口枢纽作为综合性大型水利工程，一方面约束水流而提高流速，用于冲刷河床积淤；另一方面筑堤防洪。后期则发展为“束水归槽”的理念，放淤固堤，以淤积的泥沙形成束水河槽，体现了古人对泥沙更加科学的理解与把握。德国著名河工专家、河工模型试验创始人恩格斯教授先后于 1932 年和 1934 年两次进行黄河下游动床模型试验，验证了 350 年前潘季驯治黄理论的正确性。16 世纪中叶，中国在大运河上对河流泥沙运动力学的掌握与实践成为世界重大的科学成就。在堤防体系建设中，则是就地取材，夯筑土堤，同时采用了埽工护岸技术，加固防波护堤。

大运河上还常用一些以软性材料为主的临时性工程。软性材料主要指竹、草、秸秆、木等，临时性工程主要包括护岸、围堰、减水泄洪等。此类工程具有就地取材、施工方便、拆除容易、适应河床变形、防渗性能好等优点（高含沙河流中）。代表性工程案例包括草土围堰、竹木笼堤坝等。而且这些临时性工程可还原，不会对环境产生过大的影响。目前，在大运河上留存较好的材料主要是埽工。

◎ 延伸阅读

埽工技术

埽工技术是古代运河上的水工技术，具有显著的优点。它是水下工程，但是可以水上施工，能在深水情况下（水深20米上下）施用，可用来构筑大型险工和堵口截流，但又可以分段分批施工。埽工技术采用的材料一般为薪柴（梢料、苇、秸），以桩签、绳缆联系，具有良好的柔韧性，便于适应水下复杂地形；在多沙河流上使用，充填于泥沙中，使其凝结坚实。但埽工技术也存在缺陷，主要是因为梢料、秸料和绳索等易于腐烂，需要经常修理更换，花费较多。清口枢纽经考古发掘发现的黄河堤防采用了埽工护岸技术，其材料、工艺仍清晰可见，是中国古代埽工技术的典型例证。

71

大运河是怎样改变并塑造沿线广大区域自然环境的?

今天的大运河沉静而平稳，让人难以想象历史上的惊心动魄，其实，大运河通过长期的人工干预，在与自然的共同作用下大大改变了沿线地貌和环境，体现出人类对自然不断抗争与适应的过程，以及由此带来的对环境的深远影响。它的每一股细流都无声诉说着中国世代古人的勇气、决心、智慧与牺牲。

在运河北部的海河流域，大运河南北向的截断改变了多条河流由西向东入海的格局，从而形成了多条河流汇集为一条河流入海的扇形格局。为了宣泄由此带来的洪水，在自然与人工共同作用下，河北平原上形成了多处洼淀湿地。

在山东，南旺枢纽工程的建设引小汶河水为水源，筑堤以形成蓄水水柜，运行 500 余年间，使原本的南旺湖逐渐扩大为湖群并形成了新的湖泊。但在 1855 年黄河北徙后，大运河断流，出于自然及人为的各种原因，现已全部干涸“消失”，很多地方已被农民种上庄稼。

大运河在与黄河的长期斗争中形成了淮河下游南北两大湖群。山东南部的南四湖在明代之前还是一连串零星湖泊。12 世纪，黄河夺淮入海，运河为避黄而改道湖东（中河段）。由于湖东面承受运河的余水，西面又有黄河决流的汇注，湖面迅速扩大并由此形成面积达千余平方千米的南四湖。江苏北部的洪泽湖和高邮湖的形成也与运河密切相关。隋唐之前，这里只有一些浅水小湖，宋末黄河夺淮形成了洪泽湖的雏形，而明清时期清口枢纽工程中洪泽湖大堤的修筑直接促使了巨型人工水库的形成。洪泽湖湖面常高于黄河水面 3—4 米，汛期水势往往涨至 6—7 米。洪水决口时有发生，导致运西的白马湖、高邮湖、宝应湖、邵伯湖等湖不断扩大，形成了今天的江苏北部湖群。大运河沿线还有一批减水闸，这是为治理洪涝灾害并保障运河运行而采取的方式。在利用里运河导引黄淮洪水南流经由运河借长江入海过程中，在淮安和扬州之间形成了淮河入江水道，奠定了现在淮河入江的格局，也深刻影响了淮扬之间的地貌。

◎ 延伸阅读

海河

海河是中国华北地区最大的水系，中国七大河流之一，由海河干流和上游的北运河、永定河、大清河、子牙河、南运河五大河流及 300 多条支流组成。它以卫河为源，全长 1090 千米，经天津（三岔口）由海河干流入海。

72

大运河是怎么方便农业灌溉的?

自古以来，大运河既是交通要道又是水利工程，它的水在满足舟楫之便的同时，也灌溉了农田。2000 多年来，大运河对农业生产的作用一直十分显著。

东汉时，广陵太守陈登在扬州附近修的陈公塘就是既为运河补水又方便农业灌溉的水利工程。浙东运河绍兴段也与水利工程密切相关。东汉永和五年（140），会稽太守马臻发动民工，筑堤潴水，总纳山阴、会稽两县三十六源之水，史料记载“溉田九千余顷，民享其利甚巨，为江南古代最大的水利工程之一”。这条狭长的水道，就是后来浙东运河的基础。东晋南北朝时期，浙东运河沿线设置了大量水利设施，主要由堰坝和闸门组成。

隋代的大运河也发挥了重要的灌溉作用。同时，汉中地区的广通渠主要用于漕运，另一部分则用于灌溉农田。唐代时，政府将水利工程与运河工程建设交织在一起实施，在关中、关东、河北、江淮四大经济区形成的航运、灌溉网大大方便了农业灌溉。关中较大的水利工程有姜师度开凿的敷水渠和韦坚开的漕渠，这些工程使关中地区形成了以泾水、洛水及漕渠为主干的灌溉网，促进了关中农业的发展。唐代的通济渠流经黄淮地区，这里开凿的人工渠、陂、塘、堰等水利工程，一部分用于通漕，一部分用于农田灌溉。如武则天载初元年（689）所开的湛渠，引汴河水注入白沟，以通漕运，也促进了农业生产。姜师度在河北贝州经城西南 2 万米所开的张甲河，不仅用于泄洪灌溉，造福于民，也可以接永济渠故道，便于通漕运。唐元和八年（813），常州刺史孟简在武进、无锡两地开孟渎和泰伯渎，

图 4-2　浙东运河边的漕渠旧址

图 4-3　俯瞰刘堡减水闸

这两项工程都是灌溉工程。扬楚运河的水利工程则是李吉甫修的平津堰，他在高邮筑富人、固本二塘，灌溉良田万顷。江南运河上的古石塘工程则在方便船行的同时，使太湖东岸、运河堤西的大片沼泽洼地逐渐变成肥沃的良田。

宋代时，人们已注意到运河航运、水利灌溉及养护水利设施的综合利用开发，建议“开修陂塘沟河，导引诸水淤灌民田，或贴圩岸疏决积涝，永除水害”。明代时，淮扬运河沿线为了调剂月河的水量，保证漕运的用水，在月河上开了一系列的水闸，如宝应段的朱马湾减水闸、长沙沟减水闸和刘堡减水闸。当水量太大时，水闸开启，将月河内多余的河水引入水闸东侧的里河，再由里河引入东西向的排河向东入海，沿途灌溉农田，造福百姓；当水量太少时，闸门紧闭，为月河储蓄水量，保障漕运舟船的往来。

73

为什么说大运河是生态文明观的典范?

大运河是贯穿南北的生态廊道，拥有极为丰富的生态文化资源。2000 多年来，大运河滋养着广袤土地，哺育着流域百姓，承载着中华民族的悠久历史和文明，是绿色发展的生动体现，是生态文明观的典范。

大运河体现了绿色发展的生态文化。大运河本身就是一个和谐的绿色生态系统，正因为此，千年大运河才能一直沿用至今。大运河的历史是一部“除水害、兴水利”的水工历史，也是一部沿线地区因水而生、因水而立、因水而兴、因水而强的创业史。大运河所解决的工程问题之复杂、投入的人力和物力之巨大，是世界上任何地区运河难以比拟的。它解决了在严峻自然条件下修建长距离运河面临的地形高差、水源供给、水深控制、会淮穿黄、防洪减灾、系统管理等六大难题，保证了大运河的长期持续通航。

大运河体现了天人合一的生态文化。自古以来，大运河的修筑就体现了天人合一的生态文明观。在漫长的开凿、修建过程中形成的天人合一的运河水文化和因势利导、顺应自然的治水用水理念，使大运河本身就成为生态文明的示范。这种治水智慧理念构成的生态文明观对于今天的城乡规划建设产生了深远影响，对今天建设美丽中国也具有较强的借鉴作用。

大运河体现了以人为本的生态文化。大运河作用的变化体现了人类社会的需求变化，需求随着社会的发展在不断增加，从最初的运输物资、运送南来北往的各色旅人，到输水、灌溉、防洪，大运河一直都是中国大地上最重要的、最具有生命力的文化遗产之一。大运河是一条承载和见证中华文明发展史的历史文化长廊，在 2000 多年的疏浚、修筑、维护与使用过程中，其流经地区的城市、乡村都被赋予了鲜明的运河文化特征。大运河成为沿线人民赖以生存的“母亲河”，大运河文化也为今天人们建设美丽家园提供了精神支撑和智力支持。

大运河体现了人与自然和谐相处的生态文化。大运河是人类农业文明技术体系之下最具复杂性、系统性、动态性、综合性的超大型水利工程。大运河从开凿直至今日，一直在不断修建和更新，几乎从来没有停止过修建和使用。大运河是人与自然共同作用、持续演进的结果，是和谐相处的生态文明的示范、绿色发展的结果。例如扬州运河三湾，它的每一道弯都淋漓尽致地体现了古人顺应自然、改造自然、与自然和谐共存的智慧。围绕大运河的运用而开展的治水活动波澜壮阔，是人类文明史上的重要成就。

大运河体现了融合创新的生态文化。2000 多年来，大运河通过不断

图 4-4　俯瞰扬州运河三湾

融合创新，在解决水与人、水与水、水与地理环境关联问题方面取得了杰出成就。中国历代运河的修建者、维护者、利用者在多变的水文环境、复杂的地貌与地质结构等困难下，巧妙地利用沿线江河湖泊等多样的水资源条件，创新地运用勘察、测量、规划、设计、管理等多个领域的科学知识，让这个农业文明时代的巨大系统工程得以开发、利用、延续并合理改造，使其不断适合自然环境，成为农业社会土木工程的巨大成就。

74

大运河面临哪些环境压力？有何应对措施？

大运河与沿线城市的发展息息相关。随着中国近年来经济的快速发展，沿线城市正经历着剧烈的现代化建设，这使大运河面临着一定的环境压力。

其一，城乡建设压力。由于大运河沿岸从古至今一直以来是城市发展的繁华地带，在近几十年的城市化进程中，建设了一定数量的住宅；随着机动车数量的增加，以及城市之间便捷交通的需要，运河沿线也兴建了一些横跨运河的公路及铁路桥。针对这些情况，运河沿线省、市级人民政府组织编制并公布了大运河遗产各类保护规划，划定了保护范围及建设控制地带，规定了严格的建设报批程序。当地政府根据规划对遗产区和缓冲区的建设进行严格监管，有效地控制了建筑密度、高度及交通设施的兴建。

其二，水利航运建设压力。为了延续大运河的水利及航运功能，沿线地区陆续修建了较多保证其使用功能的现代水利航运设施，这些非传统样式的设施在某种程度上对遗产的风貌造成了一定影响，局部景观不太和谐。为应对这种压力，各级政府根据《大运河遗产保护与管理总体规划（2012—2030）》和《大运河文化保护传承利用规划纲要》，在水利航运设施的建设上优先考虑使用大运河遗产历史上各区段所采用的、符合地方特点的传统技术、传统材料、传统结构和传统工艺，并识别、尊重、保存水利航运设施遗存在外形和设计、材料和实体、用途和功能、方位和位置各方面留存至今的历史信息。

其三，生态环境压力。大运河的生态环境和环境质量长期按照国家标准进行保护，总体状况较好，环境压力主要来自水环境质量、空气质量及气候的变化。水环境质量按照其使用功能如输水、行洪等，基本符合《地面水环境质量标准》规定的Ⅲ至Ⅴ类标准。郊野区、建成区空气质量分别达到《环境空气质量标准》规定的一级和二级标准。气候变化造成的极端天气，特别是暴雨及干旱发生较为频繁，加重了大运河河道的防洪排涝压力，并对遗址也造成了一定的影响。大运河环境保护措施主要包括：整治水系、调配流域与区域水资源；保护和修复生态堤岸；湿地建设、换水或遗址保护方式改善环境；限制保护区划范围内土地管控和建设；严格控制排入水体的污染物；强化运河沿线的工业污染防治；建设城乡污水处理设施与垃圾集中收集、处理设施，建立长效的保洁制度；科学监测；等等。各流域也分别制定了防洪规划及综合规划，以应对气候变化所带来的防洪排涝压力。

其四，参观旅游压力。以参观游览为主的遗产（如南旺枢纽、清口枢纽）、景观较好的城区遗产（如瘦西湖、什刹海）、观赏性较强的古建筑类遗产（如宁波庆安会馆、清名桥历史文化街区）等都面临一定的旅游压力。遗产管理部门通过编制《中国大运河遗产管理规划》及节点的详细保护规划、保护展示方案，对旅游影响进行了详细的评估，并提出了保障可持续旅游发展的措施。

75

如何推进大运河河道水系管护？

围绕大运河不同河段的功能定位，统筹兼顾、合理布局、科学配置和优化调度水资源，分段施策，改善通水和通航条件，加强岸线保护，升级水利水运设施，加快恢复和提升大运河供水保障、河道航运、岸线保护和防洪排涝功能，重塑大运河“有水的河”现实载体。

科学论证恢复大运河河道水系连通的可行性，依托自然水系、调蓄工程、人工水系等，改善大运河及周边河湖水力联系，统筹实现大运河的生态、防洪、供水、文化、景观、航运等多种功能。根据重要河湖生态流量和生态水位要求，将生态用水纳入水资源统一配置和管理。以本地水资源、城镇再生水等为主，以南水北调、引黄等工程调水为适当补充，协调好上下游、干支流关系，保持大运河干流及沿线主要河流基本生态用水。以下是对各段河道分别采取的不同措施。

通惠河　推进北运河—潮白河水网内城市河道与运河连通，充分利用北京城区再生水及城区汛期洪涝水排水，在枯水期借助城区水网进行水源统一配置。

北运河　主要利用北京城区的排水，上游温榆河、通惠河等来水，以及周边各支流地表水，沿岸城镇再生水。

南运河　主要利用上游卫运河下泄水、漳卫河汛期洪涝水、沿河周边城镇再生水等，枯水期可通过应急引黄进行补源，适当利用南水北调等外调水。

会通河　黄河以北河段，主要利用南水北调东线输水及黄河引水，在南水北调东线工程非输水期可利用本地地表水及周边城镇的再生水；黄河以南河段，实施东平湖与南四湖连通工程，改善调蓄能力。

永济渠（卫河）　上游大沙河段主要承接小丹河、百泉河、淇河等来水，枯水期实施引黄补源；下游卫河段主要利用卫河、漳河下泄水，周边的引黄灌区末端渠系退水，以及沿线城镇再生水等。

通济渠　维持现有河道，局部河段可根据水资源条件和需要，通过实施郑开段清淤疏浚工程和必要的河湖水系连通进行补水。

现有水资源条件较好的中运河、淮扬运河、江南运河和浙东运河等河段维持现有水源格局，重点加强水量调度和提高水源保障能力。

76

如何分段施策推进大运河通水通航？

针对大运河不同河段特点，因势利导，分段施策。近期结合水资源条件，适当恢复、发展局部观光旅游通航。远期结合南水北调东线二期等工程推进情况，推动京杭大运河（含雄安新区）和浙东运河正常来水年份实现全线有水和局部通航；黄河以南现有通航河段通航能力有效提升；隋唐大运河适宜河段通水条件明显改善，不断完善各河段功能。

京杭大运河黄河以北段（含雄安新区）　重点推进生态保护修复和防洪排涝，结合南水北调东线二期工程建设，统筹水资源条件，逐步恢复河道生态用水，稳妥推进适宜河段通航，基本实现京杭大运河黄河以北段正常来水年份河道有水，优先实现大运河北京通州段、雄安新区—武清段、北运河等部分河段通水和旅游通航。研究论证黄河以北段全线复航的必要性、可行性和技术经济性。

京杭大运河黄河以南段和浙东运河　推动实现黄河至济宁段通水，对济宁以南仍在发挥航运功能的河段，在科学保护的基础上，立足既有航道条件，以供水、航运、水环境改善和水生态保护和修复为重点，提升南水北调东线输水能力，疏浚优化运河航道条件，适当调整运河主航道碍航建筑物，扩能升级改造高等级航道，全面规划建设内河水上服务区，研究建设出海航道和分流航道，重现“通江达海”的千年航运风貌。

隋唐大运河通济渠和永济渠　重点保持现有河道形态，加强遗产保护，对目前有水河段开展生态修复，兼顾文化和景观功能，淤埋地下河段原则上采取原状保护。视当地水资源条件和有关措施可行性，推动有条件的地区开展必要的河湖水系连通和部分河段局部旅游通航。

77

大运河各河段功能是如何设置的?

按照《大运河文化保护传承利用规划纲要》,大运河各段功能设置如下。

京杭大运河黄河以北段　通惠河以防洪排涝功能为主,兼顾生态景观、旅游通航功能。北运河以防洪排涝和生态功能为主，兼顾旅游通航、灌溉功能。南运河近期以供水功能为主，兼顾生态、景观功能；远期结合南水北调东线二期工程，适当考虑通航功能。

图 4-5　会通河微山段

京杭大运河黄河以南段及浙东运河　会通河：小汶河段主要功能为输水、灌溉排涝及生态景观；柳长河、梁济运河以调水、排涝功能为主，兼顾东平湖退水、航运、生态景观、灌溉等功能；南四湖上级湖段以防洪、调水功能为主，下级湖湖东航道以湖区行洪、调水功能为主，下级湖湖西航道和不牢河以防洪、调水功能为主，同时兼顾排涝、航运、生态景观功能。中运河：骆马湖以北段和骆马湖段以防洪、调水、饮用水水源地、航运功能为主，兼顾排涝、生态景观功能；骆马湖以南段以航运、排涝、调水、饮用水水源地功能为主，兼顾骆马湖超标准洪水时行洪与生态景观功能。淮扬运河：以调水、排涝、饮用水水源地、航运功能为主，兼顾防洪、农业灌溉、工业用水及生态景观功能。江南运河：兼具防洪排涝、航运、工业用水、农业灌溉、景观等综合功能。浙东运河：具有沟通东西的航运功能、改善水资源配置格局的调水功能、保障城市安全的防洪排涝功能以及景观提升功能等。

隋唐大运河永济渠和通济渠　永济渠：卫运河、卫河及大沙河等各河段均以行洪排涝功能为主，兼顾引水灌溉；卫运河兼顾局部旅游通航功能，卫河兼具沟通周边水系、生态修复、城市景观、旅游通航等功能。通济渠：依托重要河段清淤疏浚，恢复提升灌溉、排涝、生态景观和部分河段旅游通航功能等。

78

如何加强大运河岸线保护与利用？

集约利用岸线资源。统一规划大运河岸线，加强岸线保护与集约利用，统筹京杭大运河沿线港口的合理规划布局，在保护河道的基础上，优化升级一批内河港口作业区。明确水域岸线所有权和功能定位，整治或关停沿线“小散乱”码头，规范岸线开发利用行为，加快形成大运河煤炭、矿建、集装箱等专业化港口运输系统，构建布局合理、功能完善的航运污染防治、应急救助、水上监管等综合服务体系，使驳岸成为大运河文化生态系统的重要组成部分。

改善航运服务质量。充分利用物联网、大数据、云计算、人工智能、卫星遥感、移动互联网等新一代信息技术，提升大运河航运数字化、信息化水平，建设运河智能过闸系统，完善航道沿线养护修理设施和服务，加快构建跨省域航道、船闸、运输船舶互联互通的航运智能化感知系统和一体化服务平台，提升智能化监管水平。推动内河船型标准化，推广应用新能源和清洁能源船舶。

完善水利设施条件。加快完善水利工程体系，推动水利设施提质升级，提高智能化、自动化运行水平，构建系统完善、安全可靠的现代水利基础设施网络。建立大运河水管理信息系统，实现河道整治、水资源管理、防洪排涝等信息共享。

加强沿线采砂管理。制定大运河沿线河湖采砂管理规划，严格采砂许可和监管，严厉打击非法采砂，防止采砂对防洪安全和生态环境带来不利影响。因地制宜实施采砂坑回填整治，严禁在南水北调东线输水干线洪泽湖、骆马湖至南四湖段开采河湖砂石。

制定《大运河岸线保护利用导则》。多部门共同制定《大运河岸线保护利用导则》，充分考虑到大运河活态遗产的特点，准确把握运河的价值属性。坚持保护第一，科学合理利用。该导则的编制要与大运河国家文化公园的相关要求相衔接，按照统筹规划、远近结合、逐步开发、留有余地的原则，讲求科学方法，合理划分岸线功能，将大运河岸线保护利用好，让大运河永葆生机活力。同时，加强生态环境协同保护，加强流域环境联防联控，推进生态保护机制创新，加强政策支撑与扶持力度。

79

如何完善大运河防洪排涝和航运功能？

优化配置运河水资源，科学调度，统筹推进水资源全域管理，切实发挥大运河在南水北调、农业灌溉、防洪排涝、航运等领域的功能，开发“黄金水道”的新价值。

提升河道行洪能力。在大运河现有防洪排涝体系基础上，针对不同河段存在的突出问题和薄弱环节，采取清淤疏浚、堤岸治理、除险加固及联合调度等措施，强化洪水预警和风险管理，全面提升河道行洪能力。扩大洪涝水排泄通道，优化调整大运河沿线各流域蓄滞洪区，保障大运河洪水及时分泄。强化洪水风险管理，开展大运河沿线洪水灾害风险评估。严格控制大运河沿线蓄滞洪区及洪泛区开发建设。提高大运河及沿线水利工程管理水平，依托大运河所在流域及区域防洪减灾体系，巩固和提高沿线城市防洪标准，加强大运河相关流域联合调度和汛期航运统一管理，有机串联与整合资源，保障沿线防洪安全和文化遗产安全。

实施航道通航扩能升级行动。京杭大运河黄河以北段局部通航保障工程：实施航道疏浚拓宽、底部防渗、边坡护岸处理、碍航设施改造，为北京通州段、天津段、雄安新区—武清段、河北段和山东段适宜航段通水通航创造良好基础条件。京杭大运河黄河以南段航道扩能提升工程：山东段重点推进济宁至徐州段航道三级升二级工程，实施湖西航道和韩庄、万年复线船闸工程，梁济运河梁山至邓楼船闸段复航工程等航道建设；江苏段重点实施局部不达标航段航道整治工程；浙江段加快京杭运河三级航道和杭州二通道建设，形成浙北高等级航道网集装箱运输主通道，推进杭甬运河宁波段三期工程前期谋划，实现与上海港、宁波舟山港等沿海港口深度对接融合。

80

如何打造大运河绿色生态廊道？

大运河本身就是一个和谐的生态系统，因此必须从生态文明的高度强化大运河生态环境保护工作，科学规划、高效利用大运河岸线资源，打造以大运河为主轴的生态文明廊道。

一要注重源头治理，优化整合区域水资源。统筹考虑南水北调、引黄等调水工程，推动大运河适合通航的航段尽早恢复通水和旅游通航，强化河道水系生态功能，强化饮用水水源保护，推进城乡供水信息建档立卡，保障区域内城乡生活、生产、生态用水需要。以水环境质量改善为核心，优化调整流域水功能区和控制单元，建立覆盖全流域的水生态环境管理分区体系，分级分类实施精细化管理，大幅提升Ⅱ类及以上高功能水体比例，逐步消灭Ⅴ类水体。优化调整空间结构，强化“三线一单”硬约束，坚持生态岸线、保护岸线只增不减。打好断面达标攻坚战，保护好各类水体水质。加强环境基础设施建设，补齐城镇污水收集和处理设施短板，综合整治入河排污口，全面完成入河、湖排污口排查建档，防控环境风险。同时，保护和利用好大运河水资源，建立水资源管理制度，全面提高水资源利用效率，大力推进节水型社会建设，将大运河打造成城市的绿肺和生态走廊。

二要强化综合治理，保护运河水环境。立足大运河实际情况，强化大运河河道水系、交通航运和生态环境的综合管理，协同推进共抓大保护、不搞大开发。既要系统推进沿线文化遗产的保护、河道水系的治理管护和生态的保护修复，又要兼顾好水利建设、航运发展、城乡建设、旅游产业等，更好地发挥大运河对经济社会发展的支撑作用、对人民群众生产生活的保障作用。优化滨河景观廊道。以大运河现有水道为骨架，打造沿线的滨河绿道，建设集观光休憩、科普教育、体育健身为一体的滨河公园，增设阐释大运河文化的景观小品和文化设施，构建生态休闲景观长廊，提升大运河沿线的生态环境品质。分类实施、因地制宜开展大运河文化带沿岸的绿色生态廊道建设，落实好大运河河道水系治理和生态空间管控工作。通过保护好运河的生态，打造南水北调清水走廊，让一江清水流向北京。

三要坚持系统治理，修复运河水生态。通过系统治理，拓展绿色生态空间，提升植被覆盖水平，建设大运河绿色生态廊道。以净水、护水为重点，强化工业点源、农业面源、船舶线源污染防治，建立长效管护的机制，进一步提升大运河的水质。划定生态保护红线，实现一条红线管控重要生态空间。同时，开展植绿、造绿、护绿工作，打造滨河的绿色生态走廊，确保大运河的生态功能得到不断恢复和强化。保护和建设好大运河国家文化公园所在区域生态环境，全面提升区域生态系统服务功能，建设运河生态文化。推动形成绿色发展方式和绿色生活方式，将大运河打造成河湖岸线功能有序、生态空间山清水秀、农业空间绿色宜居、城镇空间特色突出、山水林田湖草生命共同体相得益彰的“美丽运河”。

81

如何推进大运河生态保护修复？

突出生态系统保护。突出对大运河沿岸自然保护区、风景名胜区、森林公园、地质公园、湿地公园、饮用水水源地及其保护区等重要生态空间和自然保护地的保护，做好摸底情况调查，统筹制定保护管理目标，着力改善生态系统服务功能，提高生态产品供给能力。划定大运河河道两岸和湖泊、湿地等生态保护红线，细化分类分区管控措施，实施严格的生态环境保护。

加大综合治理力度。加大对森林、湖泊、湿地等自然生态系统的恢复治理力度，注重自然修复与工程治理相结合，采取河岸带水生态保护与修复、植被恢复、生态补水等措施，增强湖泊、湿地生态功能和自然净化能力，科学开展江河湖库水系连通，保障重要河湖基本生态用水。加强大运河沿线平原沙土区水土流失预防和治理，有效控制入河泥沙。

开展环境监测评估。研究建立资源环境承载能力监测评价体系，丰富完善监测指标体系和技术体系，开展资源环境承载能力监测预警。加强对生态系统状况、环境质量变化、生态文明制度执行情况等方面的评价，开展流域生态健康调查与评估。建立健全社会监督机制、举报制度和权益保障机制，完善第三方评估，保障社会公众的知情权、监督权。

优化滨河生态空间。因地制宜规划建设一批特色突出、相互联系的自然生态空间，原则上除城市建成区外，有水河道两岸各 1000 米范围内优化滨河生态空间，严格控制新增非公益建设用地，实施滨河防护林生态屏障工程，在沿河两岸集中连片植树造林，加强植被绿化。属于村庄的，要强化自然生态修复和改善，提升生态功能和服务价值；属于永久基本农田的，应发挥其自身生态功能，注重与周边自然生态系统有机结合；属于滨河自然水生态系统的，可探索建设一批湿地公园等；属于城市近郊区域的，可规划建设一批植物园、城市公园等；属于城市远郊区域的，可规划建设一批森林公园、郊野公园等。城市建成区应强化规划管控，落实土地用途管制，腾退的土地用于建设公共绿地，切实维护大运河风貌。对于自然条件良好、生态功能突出的河湖滨岸重点区域，自然生态空间范围可不限于 1000 米。

加强生态空间管控。将大运河有水河道两岸各 2000 米范围内的核心区范围划定为核心监控区，严格生态环境和历史风貌保护，并将管控区域纳入新一轮土地利用总体规划，实行负面清单准入管理。严禁新建、扩建工矿企业等不利于生态环境保护的项目，推动不符合生态环境保护和相关规划要求的已有项目和设施逐步搬离，对原址恢复原状或进行合理绿化，推动各地因地制宜制定禁止和限制发展产业目录，强化准入管理和底线约束。

82

如何加强大运河水环境污染防治?

经过大运河申遗、大运河国家文化公园建设，大运河水环境质量得到进一步提升，总体水质状况为优，但也存在不少问题，因此必须加强水环境污染防治。

开展重点单元污染防治。建立健全大运河水体污染防治机制，分级分类实施全流域、控制区、控制单元治理，筛选大运河流域范围内优先控制单元，综合运用水污染治理、水资源调配、水生态保护等措施，提高污染防治的科学性、系统性和针对性。强化省、市、县跨界断面水质考核管理，实现上下游水污染联防联治。

严格管控污染排放。划设水资源开发利用红线和水功能区限制纳污红线，加强大运河及相关重要河段入河排污口综合整治和监督管理。严格工业点源污染防治、农业面源污染治理、船舶港口污染管控和城乡污水垃圾整治，制定大运河沿线一二三产业污染风险源防控措施，完善处理机制和偷排漏排监督机制。

强化污染应急处置。建立健全应急预案体系，提升油品、危险化学品泄漏等水上污染事故应急处置能力。针对京杭大运河（南水北调东线）、南四湖等敏感区域，采取监测、断源、控污、治理等各项应急污染处理处置措施，重点监测突发水环境事件的污染范围和可能受到污染的区域，结合气象和水文条件，对污染带移动过程进行动态监测。

加强沿河生态空间管控。在保护滨河生态系统、各类文化自然遗产、人文景观风貌原真性、完整性基础上，实施国土绿化行动，补齐生态环境短板，在大运河文化带建设主轴和具备条件的其他有水河段两岸建设绿色生态廊道。建设水环境监测预警系统，加强生态空间管控，推进生态保护修复和水环境污染防治，构建山水秀丽的绿色生态带。

83

如何建立大运河跨流域生态保护机制？

大运河的水系是相通的，南水北调东线的一江清水，无论在沿线哪个地方受到污染，最终送到北方的都是不合格的水。因此，靠单个城市保护好大运河生态环境是不现实的，需要沿线城市打破“一亩三分地”的局限，共同发力，形成区域合作、城市间合作，互联互通，借鉴支撑，优势互补，资源共享的格局，建立大运河生态保护联动机制，才能真正治理好大运河生态环境。

一是成立大运河生态合作组织。在大运河文化保护传承利用工作省部际联席会议的基础上，推动成立跨地区的合作平台，做好大运河生态的保护。在江淮生态大走廊运河城市生态合作组织试点成功的基础上，扩大参加城市范围，争取吸纳江南运河、浙东运河及大运河沿线所有城市参加，成立大运河沿线城市生态合作组织。借鉴申遗过程中的协调联动机制，推动大运河沿线城市建立跨地区、跨部门的大运河生态保护联动机制，形成合理的协调机制和分工体系。通过全线层面大运河生态保护联防联控机制的建立，实现跨市、县流域和区域的环境综合整治，全面实行区域水环境共保、共防、共治，实现区域生态建设一体化。

二是推进统一立法。大运河遗产的线性特点，使大运河保护立法更要树立全线“一盘棋”思想，注重顶层设计，探索流域立法，从现在的按区域管治转向按流域管治，构建一个具有统一约束力和规制力的保护体系，形成流域共治、战略共保的工作格局。各省市在针对大运河遗产保护和文化带建设立法时也要特别强调生态保护的重要性和水生态保护联巡联防联治协调机制，要将地方上好的做法推动上升为制度，转化为法律，进一步推动系统治理、依法治理和综合治理，为大运河文化带建设提供生态保障。

三是加强规划引领。在进行大运河文化带建设顶层设计和战略规划时一定要高起点定位，整体考虑。沿线城市在规划之初就要形成协同发展、跨专业领域合作的态势，形成既有合作又有分工的生态带规划编制机制。同时，各类专项规划要做到与上位规划、《大运河遗产保护管理规划》等相关规划衔接，也要做到相互之间衔接，以及与各沿线城市规划衔接。

四是建立生态补偿机制。要构建大运河生态保护联动机制离不开生态补偿机制的设计，要探索建立纵向和横向两个维度的生态补偿。纵向上，

图 4-6　整治后的邵伯明清运河故道

突出以奖代补的生态补偿机制。对水质改善较好、生态保护贡献大、节约用水好的市县加大补偿力度，进一步调动保护生态环境的积极性。横向上，建立区域流域上下游“双向补偿”机制，坚持“谁保护、谁受益”“谁贡献大、谁受益”的原则，制定覆盖大运河文化带区域内主要河流的区域补偿制度，确保属地管理责任得到有效落实。对沿线已被列入国家专项规划的项目，如江淮生态大走廊建设、南水北调东线工程建设等，给予一定的专项政策扶持和资金支持，让良好的区域生态环境成为大运河国家文化公园的有力载体。

84

如何弘扬运河园林文化，推进大运河国家文化公园建设？

大运河沿线有丰富的园林文化，有以苏州园林为代表的文人园林，有以杭州园林为代表的山水园林，有以北京颐和园为代表的皇家园林，有兼具“南秀北雄”的扬州园林，它们均有极高的文化价值。传承弘扬运河园林文化是建设大运河国家文化公园的突破点之一。

让运河园林文化在主题展示区中“显”出来。大运河国家文化公园主题展示区包括核心展示园、集中展示带、特色展示点三种形态。这三种形态都可以借鉴大运河园林的造园艺术。要通过深入的研究，进一步提炼运河园林文化的现代价值，留住运河城市园林建筑的记忆，在大运河国家文化公园建设上充分体现运河园林文化的特点，植入运河园林文化的元素。

对于扬州、苏州这样的运河古城，其主题展示区在精神气质与建筑风貌上要探索与设计既具有传统运河园林的独特古典气质，又具备现代功能的运河园林建筑风格，在各类运河博物馆、陈列馆展陈设计时就要引入运河园林的元素，在建设城市雕塑时也要吸收运河园林文化的风格。要将富有运河园林文化特色的作品运用到大运河国家文化公园建设中，使运河园林文化渗透到城市的方方面面，提高运河城市的空间识别度，彰显运河城市独特的魅力。

让运河园林艺术在运河环境修复中“扬”起来。大运河国家文化公园的沿线生态环境修复也需要引入运河园林文化中师法自然、融于自然的理念。目前，在大运河沿线的生态环境修复过程中，有些地方会照搬照套外地的景区做法，甚至是外国的造景手法，忽视了对运河园林文化的传承。要通过对运河园林文化的弘扬，加强林草生态系统修复和治理，在核心区范围内建设兼顾景观效果和生态功能的国家级森林公园，在疏林地注重乡土植被的栽植培育，加强人工景观林草地建设，提升大运河主轴林草植被覆盖率，构建功能复合、结构合理、布局自然的大运河绿色生态屏障。要利用运河园林文化，构建高质量运河生态廊道，在核心区内建设一批环城绿带、宜居绿地、滨河绿地。在保护传承运河园林文化的基础上，塑造整体和谐、富有个性的城市绿地空间。利用运河园林文化，重塑滨河景观视线，以大运河现有水道为骨架，打造滨河沿线绿道，建设观光休憩、科普教育、体育健身等方面的配套设施，增设大运河主题景观小品和文化设施，构建生态休闲景观长廊，提升大运河沿线生态环境品质。

让运河园林技艺在运河景点再造中“活”起来。运河城市要充分展示大运河沿线长期积累的造园经验，让大运河园林技艺在当代“活”起来。在大运河国家文化公园建设中，可以将运河园林文化与运河文脉相结合，凸显其历史与文化特色，建设历史园林、文化园林、艺术园林。可以在大运河沿线选择一个适宜的地点，采用传统与现代相结合的运河园林风格，进行不同流派的运河园林再造，以“缩地不缩景”的方式，按照不同地域文化园林的特点，打造一个大运河园林大观园。新建运河园林要能体现大运河沿线的地方传统特色，形成一个大型的、绿色的、连续的公共空间系统，让运河园林技艺在大运河国家文化公园建设的实践中真正“活”起来。

85

大运河文化带建设与美丽中国建设有什么联系？

大运河文化带建设的目标是保护、传承、利用好大运河历史文化资源，而美丽中国建设就是打造美丽宜居的城乡家园，两者之间是既相辅相成又互促共进的关系，前者为后者提供理论支持和实践支撑，后者为前者带来政策支持和目标导向。

一是指导思想的共同性。两者都是生态文明建设的具体实践，理念上都强调绿色可持续发展，都是生态文明建设道路、绿色发展与绿色超越的科学之路，都体现了绿色发展的理念。大运河贯穿南北五大水系，流经8个省市，作为世界上距离最长、规模最大的人工运河，流淌2000多年的大运河正是绿色发展的生动体现和具体实践。

二是内容上的一致性。两者都是为了保护生态环境，满足人民群众对优质生态产品的需求，方法上都需要协调环境与发展的矛盾，也都是为了实现人民对美好生活的追求。良好的生态环境对人们的美好生活至关重要。

大自然是美的化身、幸福的来源，只有符合生态的生活才是幸福的生活。小康生活一定是生态文明中的幸福生活，在优美的生态环境中，人们的幸福感会更强。党的二十大报告指出，“中国式现代化是人与自然和谐共生的现代化”，明确了我国新时代生态文明建设的战略任务，把绿色发展提升为国家战略，十分注重生态环境保护和应对气候变化。当前，生态环境和经济发展之间还存在一定的矛盾，我们要通过大运河文化带建设和美丽中国建设，促进我国社会形态由工业文明向生态文明转型，实现人与自然的和谐发展。

三是关系上的紧密性。美丽中国建设是党的十八大提出的战略部署。由国家发改委主持编制，中共中央办公厅、国务院办公厅印发的《大运河文化保护传承利用规划纲要》，围绕加强大运河生态环境保护修复工作，提出保护优化大运河岸线自然生态、建设大运河绿色生态廊道的战略任务。大运河文化带建设可以为美丽中国建设提供示范样本。从时间上看，大运河文化带建设是一个阶段的任务，而美丽中国建设是长远的目标，大运河文化带建设是美丽中国建设的试点和示范。从空间上看，大运河文化带建设是美丽中国建设的重要组成部分，美丽中国建设是就全国范围提出的，而大运河文化带建设主要是围绕大运河这条美丽中轴，两者之间有部分和全局的关系。美丽中国建设是大运河文化带建设的终极目标。建设美丽中国是为了记得住乡愁，大运河文化带建设是为了保护、传承、利用大运河文化，最终的目标也是建设更美好的家园。

86

如何以运河生态文化引领美丽中国建设?

大运河漫长的开凿修缮过程中形成的天人合一的运河水文化、顺应自然的治水用水理念，使大运河本身就成为生态文明的示范。要通过运河生态文化的引领，把大运河建设成为人与自然和谐共生的家园、美丽中国的典范。

一要以运河绿色生态文化为引领，塑造中国自然生态之美。加强林草生态系统修复整理，形成大运河沿岸“林草成带、河湖串联、水中映绿、林水相依”的高质量自然生态系统，构建山水秀丽的绿色生态带。用运河文化引领河湖生态系统保护修复,加强大运河沿线产业结构优化调整，有序利用大运河岸线资源。推动形成绿色发展方式和绿色生活方式，将大运河打造成河湖岸线功能有序、生态空间山清水秀、农业空间绿色宜居、城镇空间特色突出、山水林田湖草生命共同体相得益彰的“美丽运河”。推进文化和旅游融合发展，全面展现“河畅、水清、岸绿、景美”的水韵特色。

二要以运河以人为本文化为引领，塑造中国城乡宜居之美。坚持以人为本，打造宜居城市，统筹好生产、生活、生态三者关系，优化城镇空间布局形态，增强城市发展的宜居性。以追求个性特色建设田园乡村，通过弘扬运河生态文化，打造一批生态优、村庄美、产业特、农民富、集体强、乡风好的特色田园乡村示范。弘扬运河园林文化，推进美丽城乡建设，全面提升乡村规划建设水平，以山清水秀、天蓝地绿、村美人和为内涵，创建让城市更向往的美丽田园乡村。发挥生态系统的自我恢复、自我净化功能，在沿河地区规划建设一批湿地公园，提升生态功能和服务价值，有效涵养和保护大运河水体。筑牢自然生态基底，美化农村人居环境，加快推进城市生态修复、空间修补，建设一批美丽街区、美丽社区，使大运河区域成为美丽宜居的家园。

三要以运河和谐共生文化为引领，塑造中华文明和谐之美。大运河是人类和自然联合的工程，是人与自然和谐共生的典范。建设美丽运河要充分利用运河和谐共生文化，注重沿岸文旅活态传承及保护，推动运河文化、生态共融共生。倡导健康文明新风，倡导简约适度、绿色低碳的生活方式，引导全社会养成健康文明的生活习惯。发挥运河共享文化，提升人民生活品质。人民群众是美丽中国的建造者、维护者，更应成为美丽中国的享受者，因此要将美丽运河建设与人民群众生活深度融合，通过建立运河绿带、运河步道，让大运河成为群众的休闲区和生活乐园，实现还河于民、共建共享。通过构建多层次的运河遗产展示体系和讲解体系，为全国乃至全世界人民提供平等的参观、体验机会，让人民群众参与保护和共享美丽运河。以大运河良好生态为资本，推进社会绿色转型发展。

图 4-7　扬州运河三湾生态公园

87

如何用运河生态文化推进沿线地区绿色发展?

中国式现代化是体现“绿色”“可持续发展”的现代化，是将生态文明建设融入全局发展中的现代化。要构建新发展格局，生态文明建设是前提，更离不开绿色发展道路。生态绿色一直是大运河国家文化公园建设的特色和灵魂，因此要把生态修复放在首要位置，努力在共抓大保护上走在前列。要以高度的政治自觉贯彻“两山”理念，推进大运河沿线生产生活方式的转变，打造人与自然和谐共生的绿色发展示范带。

一要打好生态牌。从生态文明的角度强化生态环境保护工作，为构建新发展格局提供生态屏障。大运河作为水上交通大动脉和南水北调东线的主干线，在绿色发展中具有重要的地位。全面推进江淮生态大走廊建设，高标准保护大运河沿线生态环境，持续改善水环境、水生态、水资源，科学规划、高效利用大运河岸线资源，打造以大运河为主轴的生态文明廊道。优化整合区域水资源，通过运河水文化的引领，统筹考虑南水北调和旅游通航，强化河道水系生态功能，保障区域内城乡生活、生产、生态用水需要。联动沿线城市共同发力，真正治理好运河生态环境，让南水北调东线的一江清水流向北方地区。

二要打好宜居牌。以运河生态文化为指导，努力打造人文生态宜居的大运河，推进沿线城市功能不断完善、城市品位不断提升、城市管理不断创新、市民素质不断提高。在构建新发展格局中，挖掘运河文化内涵，打造运河特色文化街区。通过运河遗产的活化，使运河聚落成为旅游的新看点。恢复具有人文气息的市井生活，在运河历史文化街区打造生活化的景观、人文化的商业，原汁原味地呈现运河生活，让具有人文气息的市民生活成为外来旅游者领略风土人情、欣赏运河文化的一扇窗户。推进美丽田园乡村建设，以山清水秀、天蓝地绿、村美人和为内涵，增强区域辐射带动能力和吸引力，展现“新鱼米之乡”的时代风貌。同时，协同推进大运河文化带建设和江淮生态大走廊建设，精心打造大运河国家文化公园示范区。

三要打好宜业牌。利用大运河沿线独特的人文环境、景观环境和生态环境，以及大运河的知名度和优美环境，吸引更多的创新创业人才来运河沿线创业。以推进大运河带高质量发展为契机，倒逼增长方式转变、产业结构转型，不断提升沿河产业发展的“含绿量”“含金量”“含新量”。大力提升发展质效，以资源集约化为方向，调优工业经济存量，在碳达标、碳中和的背景下，大力推广绿色制造，构建绿色制造体系，推进产业体系高端化、绿色化，加快构建自主可控、安全绿色的现代产业体系。保护和建设好大运河国家文化公园所在区域生态环境，推动形成绿色发

图 4-8　大运河风光

展方式和绿色生活方式。利用运河良好生态，吸引发展战略性新兴产业，着力形成一批具有竞争力的龙头企业和引领产业升级的战略性新兴产业集群。

第五篇 时代精神

88

大运河的时代价值是什么？

大运河贯通南北、连通古今，蕴含了中华民族悠远绵长的文化基因。深入挖掘大运河所承载的深厚文化价值和民族精神，结合时代要求继承创新，将会让中华文化展现出永久魅力和时代风采。大运河今天还在发挥着重要作用，其时代价值体现在以下几点。

其一，航运价值。目前，京杭大运河在北京、天津、河北、江苏、浙江等 5 省市境内保留有连续河道，隋唐大运河永济渠河南至山东段、通济渠商丘至淮安段仍为连续河道，浙东运河河道比较完整。其中，京杭大运河黄河以南段通航河段约 1050 千米，船舶平均载重约 800 吨，完成年货运量约 5 亿吨；大运河江苏段年运输量超过 3.6 亿吨，是江苏境内长江航道运量的 2 倍多，相当于沪宁铁路单线货运量的 3 倍。

其二，水利价值。大运河是我国仅次于长江的第二条“黄金水道”。已建成的江都水利枢纽工程和 10 个设在大运河上的梯级抽水站等配套工程，不但作为南水北调东线的输水通道，而且在江淮地区暴雨形成洪涝时，也能排涝入江，保证里下河地区 6600 多平方千米农田稳产丰收。大运河在北方地区也发挥了行洪通道的作用。

其三，生态价值。大运河沿线有微山湖、骆马湖、洪泽湖、高邮湖及太湖等众多湖泊河流、水面湿地，是中国东部一个巨大的生态调节系统、生态走廊。运河沿线的绿化、植被也对沿线生态系统的保护发挥了积极作用。

其四，景观价值。大运河旅游资源丰富，是旅游业发展的一个聚宝盆，为沿线城市旅游产业的发展提供了全新的成长空间。“上北京看长城，下

图 5-1　发达的大运河航运

江南游运河”，大运河旅游已成为旅游市场的一个热点。

其五，文化传播价值。大运河沿线水工遗存、运河故道、名城古镇等物质文化遗产达 3000 多项，国家级非物质文化遗产达 500 余项。利用大运河这一世界级的文化遗产，发展文化产业，传播中华文化，让世人感知中华文明的渊源博大。利用大运河这一传播中华优秀文化的窗口，讲好中国故事、运河故事，推进中华优秀文化传播，推动中国文化更好地走向世界，不断提升国家文化软实力和中华文化影响力。

其六，共富价值。2020 年 11 月 13 日，习近平总书记在扬州运河三湾生态文化公园考察时指出：“千百年来，运河滋养两岸城市和人民，是运河两岸人民的致富河、幸福河。希望大家共同保护好大运河，使运河永远造福人民。”历史上大运河成为财富的通道，今天我们通过大运河文化带建设，可以整合运河资源，发展高端产业，建设中国东部地区文化产业带，拓展东部发达地区的运河经济，打造运河经济增长带，实现全体人民共同富裕。

89

当前大运河文化遗产保护传承利用存在什么问题？

遗产保护压力巨大。大运河时空跨度大，文化遗产类型多样，不同时期和形态的遗产资源叠加交错，其遗产保护要求较一般文物更加复杂，碎片化保护的现象突出，一些物质文化遗产缺乏及时保护和修缮，一些非物质文化遗产传承土壤濒临消失。特别是申遗成功后，大运河本身作为仍在使用的活态文化遗产，其各类文化生态资源保护和利用之间的矛盾更加凸显，而适应新形势新挑战的保护理念尚未树立，多元投入的长效机制较为缺乏，这制约了对大运河各类遗产资源的系统性、整体性保护。

传承利用质量不高。大运河承载着深厚的历史文化底蕴，保存了绚丽多彩的自然人文景观，但各类文化遗产活态展示水平不高，传承载体和传播渠道有限，缺乏统一宣传和推广平台，导致大运河作为世界文化遗产的影响力和吸引力明显不足。此外，各类文化生态资源活化利用形式和途径较为单一，部分优质资源长期被闲置，与相关产业的融合程度较低，对遗产保护的支撑作用不足，不利于中华优秀传统文化的创造性转化和创新性发展。

资源环境形势严峻。大运河沿线省市经济社会发展水平较高，资源环境压力较大。由于区域水资源较为匮乏，京杭大运河黄河以北段、隋唐大运河永济渠从20世纪70年代末开始断航，京杭大运河黄河以南段和浙东运河的部分河道出现季节性断流，通水存在“梗阻”；部分河段通航能力不足，有的河段存在突出的沿岸企业排污和农业面源污染等问题，水质状况不佳；北运河、永济渠（卫河）等河段水质长期为劣V类，对大运河文化带建设的实体支撑作用难以发挥。

生态空间挤占严重。大运河两岸绿化水平较低，树种结构单一，生态空间不足。岸线生态资源缺乏整体规划和顶层设计，城乡建设严重挤占河湖生态空间，甚至出现齐堤建设现象。部分岸线缺乏有效维护，一些断流河道的农田蚕食、垃圾填埋问题突出，河床破坏严重，部分河段滨河、滨湖湿地淤积、退化，面积大幅减少，水土流失严重，生态系统服务功能下降。大运河沿线区域实现人与自然和谐发展仍然任重道远。

合作机制亟待加强。大运河纵跨8省市，涉及众多行业部门。大运河保护的法律法规体系还不健全，顶层设计明显不足。部门间协调配合还不够，现行遗产保护、城乡规划、土地利用、环境保护等规划内容和政策措施存在矛盾冲突，工作目标、思路、步调尚不统一。与此同时，区域间资源整合、生态利益调节的常态化协作机制不健全，缺乏跨区域协作的有效平台，难以形成大运河各类资源保护传承利用的合力。

90

如何强化大运河文化遗产系统保护？如何增强大运河文化遗产传承活力？

充分把握大运河文化遗产的活态特征，统筹推进文化遗产整体性、抢救性、预防性保护，弘扬大运河文化精神，不断提高大运河沿线文化遗产保护能力、展示水平和传承活力，构建继古开今的璀璨文化带。

提升物质文化遗产保护水平。加强大运河物质文化遗产与周边环境风貌、文化生态的整体性保护，开展核心区大运河文化遗产调查，完善大运河文化遗产分级分类名录和档案，并按照大运河保护传承利用的阶段性需求对名录进行动态调整。细化调整并及时公布大运河遗产和关联资源的保护区划，甄别、把握线性遗产的关键区和脆弱区，建立并推行大运河文化遗产及周边环境风貌保护管控清单，提出详细建设要求和约束条件，禁止不符合保护传承要求的项目建设，减少水利航运、城乡建设、产业发展、居民生活等活动的负面影响。深入推进考古发掘和相关领域专题研究，完善对大运河文化遗产的综合认知。加强遗产本体修缮，实施环境风貌整治，强化文物保护利用设施建设，设立统一的文化遗产保护和展示标识系统。实施灾害防治和文物安全防范工程，根据实际需求建立安全技术防范报警及监测管理系统。

加强非物质文化遗产保护。实施大运河沿线非物质文化遗产记录工程，对濒危的非物质文化遗产项目进行抢救性保护，振兴大运河沿线传统工艺。加强对非物质文化遗产重要载体和空间的保护，实施周边自然、人文环境和集聚区域整体性保护，对非物质文化遗产资源进行数字化记录、保存。完善国家、省、市、县四级文化遗产名录体系，探索非物质文化遗产分类保护措施，实施动态管理。加大对大运河沿线国家级非物质文化遗产保护利用设施建设项目的支持力度，以核心区为重点区域，实施中国非物质文化遗产传承人群研修研习培训计划，支持沿线非物质文化遗产项目集中地区推动非遗与特色小（城）镇等相结合，推进大运河沿线文化生态保护区建设，进一步扩大传承人群，提高传承实践能力。加大中华老字号传承发展支持力度。

保护历史文化风貌。加强历史文化名城名镇名村、街区和传统村落保护修缮，推动历史文化街区认定、保护范围划定和历史建筑普查工作，建立保护档案，积极制定适应历史地段空间特征的市政、消防、环卫等设施的技术规范，科学合理确定修缮内容和规模。加强对运河历史文化聚落整体保护，鼓励多元主体共同参与，对历史文化名镇名村、街区、传统村落进行综合整治，保护延续传统格局，维护历史传统风貌。

构建大运河文化综合展示体系。分级分类建设大运河文化专题博物馆或展览馆，充分利用最新的数字技术，提升大运河整体展示水平，形成特色突出、互为补充的综合博物馆展示体系，配套建设服务中心、解说与引导设施等。用好大运河沿线名人故居、会馆商号、工业遗产等各类展示场所。

推进“互联网 +”建设，实施一系列高水准和标志性的可移动、不可移动文物保护精品展示项目，建设虚拟体验平台。实施“国家记忆”工程，结合大运河考古研究，推进有条件的地方开展大遗址保护和国家考古遗址公园建设。选择资源密集、条件成熟的河段开展大运河遗产展示线路建设试点。

开展非物质文化遗产宣传展示活动。推动非物质文化遗产与原有历史空间相结合，鼓励利用图书馆、文化馆（站）、传习所等公共文化服务设施，因地制宜开展宣传展示活动。依托文化和自然遗产日、重要传统节日，开展大运河沿线非物质文化遗产主题展示活动，定期组织大型展演。推动大运河沿线非物质文化遗产进社区、进校园、进企业，鼓励各地编制适合中小学生特点、具有地方特色的普及性乡土教材，命名一批大运河非物质文化遗产传承教育实践基地，鼓励职业学校开发相关课程、教材。积极推动社会力量广泛参与大运河沿线非物质文化遗产的宣传传播，充分发挥新闻媒体的作用，促进非物质文化遗产走入日常生活、走入人民群众，形成人人参与、人人共享的传播新格局。

91

新时代大运河文化的价值内涵有哪些？如何弘扬？

其一，民族团结追求统一的执着信念。大运河承载着政治、经济、文化、社会和生态文明等功能，自始至终服务于国家大局和民族团结，凝结了深厚的情感关联、共同的文化观念和价值认同，在促进南北沟通和区域协调中发挥着不可替代的积极作用，体现了中国人民的共同理想和奋斗目标，是培养和抒发新时代爱国情怀的信念根基。

其二，勤劳勇敢自强不息的民族精神。大运河是中华民族克服无数复杂自然条件持续艰辛劳动的产物，集聚了大量领先于时代的科技成就，创造了跨越千年的国家漕运体系，充分展现了中华民族勤劳勇敢、自强不息的精神品格，承载了与时俱进、继承创新的时代含义和文化价值，为新时代中华民族伟大复兴提供了不竭的精神动力。

其三，开放包容兼收并蓄的文化态度。大运河是交通要道与文明交融纽带，具有开放包容、通达互融、兼收并蓄、博采众长等文化特质，是新时代以世界眼光和战略思维，增强人们凝聚力和向心力，强化对外交流开放和务实合作，寻求心意相通的情感共鸣，讲好中国故事，传播中国声音，筑就真实、立体、全面展示中国的重要载体。

其四，人与自然和谐共生的思想智慧。大运河蕴含了丰富的哲学思想、人文精神和道德理念，在千年历史中不断去芜存菁、激浊扬清，形成了厚生爱物、节用适度、顺应天常、和谐共生的生存智慧、生态理想和价值判断。它植根于中华民族的思想精神之中，是涵养社会主义核心价值观的源泉和中国式现代化建设的基本方略。

弘扬大运河文化的价值内涵要做到——

深化大运河文化价值研究。全面开展系统的保护研究工作，开展运河水工遗存和附属遗存科技保护研究，提高大运河遗产保护技术水平，持续开展在用河道、水工设施的保护研究，以及文化价值研究和遗产价值评估工作。鼓励国内知名智库或高校整合利用自身优势资源，设立大运河文化研究机构，深入开展大运河文化相关研究，挖掘和弘扬大运河千年文化的当代价值和时代特色。组织国内、国际学术研讨会，推出更多滋润人心的优秀科研成果，牢固掌握大运河文化的学术阵地。

加强大运河题材文艺创作。坚持思想精深、艺术精湛、制作精良相统一，深入生活、扎根人民，开展大运河舞台艺术和美术创作专题采风活动，提升文艺原创力，推动文艺创新。实施国家舞台艺术精品创作扶持工程，积极支持大运河题材文艺创作，不断推出大运河题材的精品力作。以传承弘扬大运河文化为主题，推出一批体现大运河文化特点、适合在大运河沿线城市开展的各类文艺活动，推动大运河沿线剧场、院线组成联盟，搭建公益性展演平台，促进优秀作品走进群众，打造大运河文化艺术品牌。

讲好大运河故事。加大对运河商贸、历史名人、传统技艺、民间戏曲等阐释力度，挖掘大运河在千年历史中逐步凝练、升华的中华民族优秀传统文化，讲述大运河水上文明史，讲活大运河历史和当代故事，深化全社会对大运河文化的认知，切实增强文化自信。大力推动大运河文化“走出去”，阐发中国精神，展现中国风貌，增进世界认同，促进大运河成为中华文化传播的符号和载体。

图 5–2　杭州歌剧舞剧院《遇见大运河》剧组在国外演出时展示中国大运河长卷

92

大运河国家文化公园是怎么提出的？进展如何？

国家文化公园是一类文化资源的典型代表，对于阐释、解说或研究国家遗产的自然或文化主题具有独一无二的价值，是国家文化财富的重要载体。国家文化公园也是国家形象特征和文化传统的标志性体现，饱含了一个国家的历史起源、民族精神与国家价值观。

早在 2017 年，有关部门就明确提出，要规划建设一批国家文化公园，形成中华文化的重要标识。2019 年 1 月，文旅部表示，我国将重点打造长城、大运河、长征 3 个主题的国家文化公园，同时确定河北、江苏、贵州分别作为长城、大运河、长征国家文化公园的重点建设区。同年 7 月 24 日，中央全面深化改革委员会第九次会议审议通过了《长城、大运河、长征国家文化公园建设方案》，标志着国家文化公园建设进入实质性推进阶段。同年 9 月 27 日，大运河国家文化公园建设推进会在扬州召开。会议强调，要以大运河沿线一系列主题明确、内涵清晰、影响突出的文物和文化资源为主干，生动呈现中华文化的独特创造、价值理念和鲜明特色，促进科学保护、世代传承、合理利用，积极拓展思路、创新方法、完善机制，做大做强大运河中华文化重要标志；要积极探索新时代文物和文化资源保护传承利用的新路，使大运河国家文化公园成为宣传大运河文化，展示中国形象、展示中华文明、彰显文化自信的亮丽名片。

随后，国家有关部门建立健全了协调机制，促进工作高效运转。中宣部牵头成立了国家文化公园建设工作领导小组；国家发改委报请国务院办公厅同意牵头建立了大运河文化保护传承利用工作省部际联席会议制度，负责具体统筹推进大运河保护传承利用和国家文化公园建设。沿线 8 省市均成立了由党委、政府负责同志担任组长的工作领导小组。同时，各有关部门和地方建立了通水通航、空间管控、生态环境问题整治等专项工作机制，共同研究解决重大专项问题。

推进会后，沿线省市纷纷行动，积极投入大运河国家文化公园建设。作为大运河国家文化公园重点建设区，江苏首批规划了 22 个核心展示园、25 条集中展示带和 148 个特色展示点。杭州提出充分挖掘和利用大运河杭州段丰富的自然景观和人文景观，完善旅游服务，提升旅游功能，把大运河杭州段打造成杭州的“塞纳河”，打造成与西湖、西溪齐名的世界级旅游产品；无锡大运河国家文化公园规划为“两园三带十五点”；扬州提出要打造“三带一廊”作为大运河文化带扬州段建设的总体布局，高质量打造扬州古运河文化旅游带、京杭运河绿色航运示范带和南水北调东线源头生态带、江淮生态大走廊。

2021 年 8 月，国家文化公园建设工作领导小组印发了《大运河国家

图 5-3　大运河国家文化公园建设推进会现场

文化公园建设保护规划》。建设大运河国家文化公园被纳入“十四五”规划和 2035 年远景目标纲要中，成为推动新时代文化繁荣发展的重大工程。2021 年 10 月，《北京市大运河国家文化公园建设保护规划》正式发布。2022 年 10 月，江苏作为重点建设区，正式颁布实施《大运河国家文化公园（江苏段）建设保护规划》。这些都标志着大运河国家文化公园建设进入实施阶段。

93

大运河国家文化公园建设的意义是什么？

国家文化公园是国家推进实施的重大文化工程，通过整合具有突出意义、重要影响、重大主题的文物和文化资源，实施公园化管理运营，实现保护传承利用、文化教育、公共服务、旅游观光、休闲娱乐、科学研究功能，形成具有特定开放空间的公共文化载体，集中打造中华文化重要标志，以进一步坚定文化自信，充分彰显中华优秀传统文化持久影响力、社会主义先进文化强大生命力。大运河作为世界文化遗产，是祖先留给我们的宝贵财富，是中华文明的重要标志。遵照习近平总书记关于保护好、传承好、利用好大运河文化的重要指示批示精神，按照《大运河文化保护传承利用规划纲要》《长城、大运河、长征国家文化公园建设方案》《大运河国家文化公园建设保护规划》部署，建设大运河国家文化公园具有以下几点意义。

展示中华文明、彰显文化自信的重大载体。大运河是优秀传统文化高度富集区域，留下了数不胜数的历史遗产，积淀了深厚悠久的文化底蕴，传承着中华民族的灿烂文明。建设大运河国家文化公园，深入挖掘以大运河为核心的历史文化资源，打造呈现大运河历史风貌、演进过程和时代风采的展示体系，有利于彰显中华优秀传统文化持久影响力和社会主义先进文化强大生命力，不断增强文化自觉和文化自信。

服务国家重大战略、促进城乡区域协调发展的重要途径。大运河纵贯南北，处于“一带一路”倡议、京津冀协同发展、长江经济带发展、长江三角洲区域一体化发展、淮海经济区协同发展、中原经济区等国家重大倡议和发展战略叠加的特殊区位。建设大运河国家文化公园，发挥运河沿线经济发达、城镇密集、文化繁荣的综合优势，加强沿线省市的交流合作，大力实施区域协调发展战略，统筹各级各类资源有序合理开发，有利于深度融入国家重大战略，推动形成沿线城乡联动发展格局，为区域协调发展向更高层次推进开辟新空间、新路径。

建设美丽中国、推动高质量发展的有力抓手。大运河国家文化公园建设是一项包含文化、经济、生态文明建设的系统性工程，有利于推动运河文化创造性转化、创新性发展，加强沿线生态环境保护修复，适度发展文化旅游、特色生态等产业，以文化为引领，统筹沿线经济、城乡、环境等高质量发展，将为建设美丽中国注入新动能、新活力。

图 5-4　大运河国家文化公园标志

推进文化治理体系和治理能

力现代化的创新探索。大运河沿线文物和文化资源类别多、数量大、分布散，在管理上存在重叠交叉、多头碎片化等现象，以及管理秩序不规范、综合服务能力滞后等问题。建设大运河国家文化公园，通过整合具有突出意义、重大影响、重要主题的文物和文化资源，实施公园化管理运营，创新体制机制，突出完整保护、活化传承和适度发展，将为推进文化治理体系和治理能力现代化提供有益探索。

94

大运河国家文化公园的战略定位和建设目标是什么?

线性世界遗产保护的典型范例　坚持文化引领、保护优先、活态传承，推动大运河沿线文物和文化资源创造性转化、创新性发展，探索新时代线性文物和文化资源保护、传承、利用范式，把大运河国家文化公园建设成为主题鲜明、内涵明确、功能完善、文化标识性强的线性世界文化遗产保护的典型范例。

中华文明发扬光大的重要地标　充分挖掘、全面彰显大运河蕴含的中华优秀传统文化、革命文化和社会主义先进文化，坚守中华文化立场，结合时代条件，强化传承创新，深化宣传教育，把大运河国家文化公园建设成为中华文明面向现代化、面向世界、面向未来发扬光大的重要地标。

文化引领区域发展的示范基地　实施“文化+”战略，立足大运河沿线文化特色和区域功能定位，强化文化产品供给，推动文化和旅游深度融合发展，促进沿线经济转型升级，实现在保护传承中科学利用、永续发展，把大运河国家文化公园建设成为以文化注入经济动能、以文化引领区域发展的示范基地。

人河相亲、城河共融的美丽家园　践行以人民为中心的发展思想，坚持生态优先、绿色发展，将运河文化融入地域文化、城镇建设和生态保护之中，追求水与岸、河道与建筑、功能设施与文化景观的协调之美、整体之美，促进大运河沿线城乡聚落实现高质量发展，不断满足人民日益增长的美好生活需要，把大运河国家文化公园建设成为人河相亲、城河共融的美丽、富饶、宜居的家园。

中外人文交流合作的金字招牌　依托大运河通江达海的区位优势，构建多种形式的对话交流平台，加强对外文化交流合作，向世界讲好大运河承载的中国故事，把大运河国家文化公园建设成为中外人文交流合作的金字招牌。

围绕建设“大运河国家文化公园成为向世界传播中华优秀文化的重要标志”总体定位，《大运河国家文化公园建设保护规划》提出了三个阶段建设保护目标：一是到 2021 年底，大运河国家文化公园建设管理机制全面建立，重点任务、重大工程、重要项目顺利启动，江苏省大运河国家文化公园重点建设区建设任务基本完成；二是到 2023 年底，大运河沿线文物和文化资源保护传承利用协调推进局面初步形成，权责明确、运营高效、监督规范的管理模式初具雏形，一批重大标志性项目基本建成，大运河国家文化公园建设保护任务基本完成；三是到 2025 年，大运河国家文化公园建设管理机制全面建立，权责明确、运营高效、监督规范的管理模式基本建成，重点任务、重大工程、重要项目得到有效落实，各类文化遗产资源保护实现全覆盖，文化和旅游与相关产业深度融合，标志性项目取得明显效益，“千年运河”统一品牌基本形成。

95

大运河国家文化公园管控保护区有什么管控保护要求？

管控保护区是大运河国家文化公园的基础资源空间。通过实施重大修缮保护项目，抢救修复濒危、易损遗产，对重点文物进行预防性主动性保护，加大管控力度，严防不恰当开发和过度商业化，切实做到保护为主、传承优先。明确管控保护要求要做到——

树立保护优先意识。尊重大运河文物的活态特征，贯彻保护为主、抢救第一、合理利用、加强管理的原则，以妥善保护大运河突出普遍价值、真实性、完整性为出发点，统筹推进文化遗产、生态环境和景观风貌保护，构建大运河各类遗产保护大格局。对文物本体及环境实施严格保护和管控，对濒危文物实施封闭管理，兼顾非物质文化遗产和传统风貌保护需要。遵循大运河文化遗产的构成特点和不同遗产类型的价值特征，关注新发现发掘文物遗存的保护要求，实施系统保护、科学管理。

加强分类分区保护。梳理整合文物保护区划和世界遗产区划，在国土空间总体规划中统筹划定包括文物保护单位保护范围在内的历史文化保护线。综合文物保护、土地用途、生态环境管控、岸线管控、河湖与水利工程管理、饮用水水源地保护等要求加强分类管控。将文物资源的空间信息及时纳入相关各级国土空间规划基础信息平台和大运河国家文化公园信息系统平台。根据文物保护规划编制和修编成果、新发现文物遗存情况，持续完善管控保护区界线。

依法依规开展保护。依据《保护世界文化和自然遗产公约》《中华人民共和国文物保护法》和各级大运河遗产保护、管理规划，对世界文化遗产、文物保护单位进行严格保护，严格执行遗产区、缓冲区，以及保护范围、建设控制地带等管理规定，实施遗产要素分类保护和各组成部分分项管理。各级地方人民政府和管理机构按其管辖范围，完善遗产保护专项政策法规，编制并实施遗产保护规划和措施，依据法律和行政法规规定行使管理职责。

◎ 延伸阅读

管控保护区的范围

一是世界文化遗产，包括构成中国大运河世界遗产 31 个组成部分的遗产区和缓冲区。严格落实对文物本体和周边环境的保护和管控要求，落实建设项目遗产影响评估和遗产监测巡视制度，禁止任何非必须工程措施和对相关遗产点段及其周边环境造成不可逆破坏。二是文物保护单位，包括国家、省、市、县确定的各级文物保护单位的保护范围和建设控制地带。着重做好全国重点文物保护单位的管控保护工作，系统强化其他各级文物保护单位保护，注重结合景观风貌、非物质文化遗产和民俗传统等实施整体保护。三是考古发掘遗产，包括正在进行考古发掘的遗址遗迹的临时保护区、新发现文物遗存的可能分布范围，以及其他由于抢救性保护需要临时设立的保护区域。第一时间实行封闭管理，暂停周边可能影响文物本体和依托环境的建设行为。

96

大运河国家文化公园主题展示区怎么展？

对于主题展示区，要通过系统分析整理大运河沿线文物和文化资源，依据其价值特色、分布特征、空间形态，结合人的行为习惯和感知特点，规划形成核心展示园、集中展示带和特色展示点3种展示形态，构建相互连接、功能互补、特色各异的大运河国家文化公园展示格局。

构建多维展示格局。第一，重点打造核心展示园。依托参观游览、地理位置和交通条件相对便利的国家级文物和文化资源及周边区域确定核心展示园，并纳入与之文脉关联、风貌统一的背景环境，以体现大运河整体文化价值和精神内涵。采取公园化管理方式，科学开展遗址发掘、考证、研究及其周边整体风貌保护等工作，保持大运河沿线文物和文化资源完整性、真实性。第二，精心构建集中展示带。依托大运河具有代表性的重要河段，突出大运河实体的文化轴线作用。加强集中展示带内文物和文化资源与周边用地功能、环境风貌、人文景观的整体规划设计，突出地域文化价值与特色，并采用多种方式增强其可达性和开放接待能力。第三，优化布局特色展示点。在遵循科学保护、传承利用等建设原则的基础上，深度融入周边城乡生产生活环境，突出展示点的个性化塑造，并加挂大运河国家文化公园（区、段）特色展示点标识，重点介绍与大运河相关的历史文化。

健全综合展示体系。塑造运河文化空间，加强大运河不可移动文物本体保护展示，完善配套服务设施，鼓励采用传统技术和传统材料科学开展文物保护、修缮。强化大运河相关可移动文物和历史资料的集中展示，策划推出一批高水准运河文化主题展览活动。合理布局博物馆、展览馆、体验馆等展陈设施，打造一批社区、村镇运河文化记忆馆和水利文化馆等，以及一批集文化遗产传承、非遗传承保护、文化交流合作、产业转化落地等功能于一体的运河文化空间。借助现代化科技，推动沿线各类文博场馆提升展陈水平、优化布展设计、创设体验项目，建设大运河主题数字博物馆、数字艺术馆，加强近距离、场景化展示。同时，优化展示交通线路，打造形象识别系统，完善服务配套设施，推进生态修复治理与景观风貌提升。

丰富展示体验方式。活化文物本体展示，深入挖掘阐释重要文物和文化遗产资源承载的文化价值和精神内涵，丰富现场图文展示，提升趣味性和可读性。结合重点遗址保护展示，打造一批考古体验基地。充分利用现代技术手段，创新文物展示内容与展示方式，融入现场解说体系。增强运河沿线滨水空间游览体验，合理利用沿岸开敞空间，融入特色文化体验。依托重要遗址、展示场馆和文化学者开展宣传教育活动。利用重大节庆日

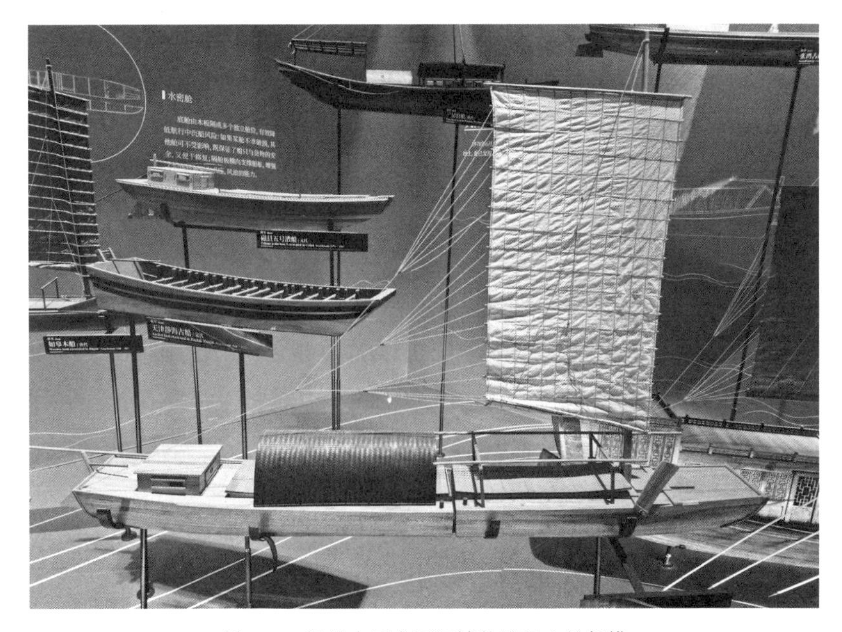

图 5-5　扬州中国大运河博物馆展出的船模

开展主题教育活动，让运河文化深入人心。拓展数字展示空间，依托大运河沿线博物馆馆藏文物、数字资源及研究成果，充分利用互联网、大数据等技术，打造智慧博物馆、不可移动文物在线展示平台、数字非遗体验馆等。

◎ 延伸阅读

核心展示园

依托仍在使用的大运河重要河段、古运河河段遗存，沿线重要关联古城、古镇、古村和街区，重要不可移动文物、非物质文化遗产和考古遗址等，打造什刹海—玉河故道核心展示园、通州大运河森林公园、三岔河口核心展示园、白洋淀核心展示园、连镇谢家坝展示园、临清运河钞关核心展示园、阳谷梯级船闸核心展示园、南旺枢纽核心展示园、微山湖核心展示园、回洛仓核心展示园、卫河（永济渠）滑县段核心展示园、洛河口核心展示园、州桥遗址核心展示园、泗县故道核心展示园、龙王庙核心展示园、清口枢纽核心展示园、扬州古城核心展示园、三湾核心展示园、青果巷核心展示园、宝带桥—盘门核心展示园、南浔古镇核心展示园、拱宸桥核心展示园、绍兴古纤道核心展示园、宁波三江口核心展示园等重点园区。

集中展示带

以核心展示园为基点，优先选择各河段中遗产资源较为富集的段落，建设北京城区集中展示带、通州大运河集中展示带、北运河集中展示带、大清河集中展示带、南运河集中展示带、临清古城集中展示带、会通河集中展示带、通济渠集中展示带、卫河（永济渠）集中展示带、中河集中展示带、里运河—高家堰集中展示带、淮扬运河集中展示带、苏州古城集中展示带、頔塘故道集中展示带、江南运河集中展示带、浙东运河集中展示带、三江口集中展示带，共同构成区域性展示空间。

97

大运河国家文化公园文旅融合区如何加强优质产品开发？

文旅融合区是大运河国家文化公园的价值延展空间。通过充分利用文物和文化资源的外溢辐射带动效应，着力推进优秀文艺作品创作、优质文创产品开发、优美生态环境打造、相关产业系统整合，彰显地域性文化旅游特色和独特内涵，全面提升文旅融合水平，推进地区经济高质量发展。开发大运河文旅产品要做到以下三点。

第一，加强文艺创作传播。推出一批展现运河文化，思想精深、艺术精湛、制作精良的优秀文艺作品，生动讲述运河故事。建立健全大运河文艺创作题材库，加强运河主题的文学、戏剧、音乐、舞蹈、影视、美术等文艺作品创作，吸引社会力量参与打造大运河主题的实景演出，推进大运河文化产品的内容创作和表现形式不断创新。依托大运河国家文化公园各类展示空间和文化艺术活动，发挥传统媒体和新兴媒体、主流媒体和商业平台的作用，多渠道、多终端推广大运河文艺精品力作，搭建优秀文艺作品展演、展览、展映、展播平台。

第二，打造特色旅游产品。顺应大众旅游出行和消费需求，以大运河为纽带，整合沿线资源，统筹要素配置，统筹水上游览、沿线自驾等多种旅游方式，推动完善运河文化主题旅游景区、旅游度假区、生态旅游示范区、乡村旅游重点村等多元载体，凸显运河文化底色和特色，为游客提供独特体验。积极创建国家级、省级全域旅游示范区、旅游度假区和文化休闲街区、乡村旅游重点村，打造一批富有运河文化底蕴的世界级旅游景区和度假区。围绕大运河典型文化概念和元素，组织开展运河文化创意设计赛事，积极打造特色的数字文化产品和文旅创意商品。鼓励社会力量投入建设大运河文化相关的主题公园、游乐场等休闲娱乐场所，设置特色周边产品销售展示空间、产品专卖店和体验店。发展大运河沿线度假休闲旅游，进一步丰富温泉、康养等度假休闲旅游产品。

第三，开发精品旅游线路。坚持整合资源、挖掘内涵、丰富特色，以大运河世界文化遗产，以及古镇古村落、文化遗迹、文化遗址等名胜遗产为基础，集成沿线街市繁华景象、市民生活习俗等优质旅游资源，推进水利、航运文化与旅游深度融合，发展运河精品旅游。优化建设陆路游线、水上游线和附属设施，培育推出一批主题突出、各具特色的跨区域精品文旅线路，创新开发遗产研学、民俗体验、曲艺欣赏、古城览胜，以及“跟着诗词游运河”“跟着名著游运河”等多种旅游体验模式与产品，实现沿线旅游景点“串珠成线”，引导人们在旅游中亲近、感知、认同运河历史文化。

图5-6　扬州古运河水上游

98

大运河国家文化公园传统利用区怎样提升？

传统利用区是大运河国家文化公园的重要支撑。要通过保护传统文化生态、推动绿色产业发展、规范生产经营活动，逐步形成绿色生产生活方式，同时利用区域内集聚的各类生活生产资源要素，有力支撑文物与文化资源保护传承利用，实现协调发展。提升传统利用区要做到以下几点。

第一，延续传统空间格局。加强大运河沿线城乡空间格局的引导和管控，保护沿线历史文化名城名镇名村和街区、传统村落，尊重传统利用区在历史上形成的与大运河相关的空间功能关系，保护与传统文化、特色生态紧密关联的整体空间格局及其自然环境。保护修缮具有历史价值的建筑物或构筑物，保存延续传统地名和历史记忆标识。改造提升传统风貌建筑及场地，打造文化展示空间，组织各类专题展览展示。

第二，传承优秀传统文化。加强大运河非物质文化遗产保护传承，建立健全分级分类保护制度，实施非物质文化遗产记录工程，推动优秀成果保存、出版和转化利用。深入实施传统工艺振兴计划，加强对传统农业和手工业生产技艺的挖掘整理和保护传承，结合历史文化名镇名村和传统村落整体保护，充分展示传统工艺和农事文化。

第三，保障居民发展权益。优化城市公共空间布局，兼顾本地居民生活和游客服务需要，完善传统利用区基础设施和公共服务设施，提升教育、卫生、养老、体育等方面的公共服务水平，改善人居环境。尊重本地居民开展传统生活生产的意愿，支持充分利用各类群众文化体育场所举办传统文化活动、民俗活动。

第四，加快传统工商业升级。加强大运河丰富的文化、生态资源的合理开发，强化新技术应用，发展现代制造业，培育壮大大运河沿线现代服务业。

第五，培育特色生态农业。推进农村一二三产业融合发展，加快高效农业转型升级。推进农业绿色发展，发挥文化引领作用，与美丽乡村建设相结合，打造一批田园综合体，助力农民增收、乡村振兴。

第六，适度发展休闲新业态。以旅游休闲为主，不断拓展文化、旅游、农业、体育、健康、养老等休闲业态，满足人民日益增长的高品质休闲需求。发展水上、山地、户外、骑行等健身休闲产业，大力培育健康旅游示范区和体育旅游示范基地。

第七，优化设施项目布局。依据国土空间规划，编制历史文化名城名镇名村保护规划、乡村振兴规划、文物保护规划，优化沿线生产、生态、生活空间，逐步疏导不符合建设规划要求的设施。

第八，严防生态环境破坏。突出大运河沿线生态保护红线、生态空间管控区域、自然保护地等生态空间保护，完善统一的生态环境监测网络。

第九，降低开发活动强度。严禁新建、扩建不利于生态环境保护和人文风貌维护的大型工矿项目。实行大运河沿线国土空间准入正（负）面清单制度，加强运河沿线高度、风貌、视廊、天际线等空间控制引导。

99

大运河国家文化公园建设的重点任务和重点工程是什么？

按照党的二十大提出的建好用好国家文化公园的要求，立足新形势新阶段新任务新要求，大运河国家文化公园要加快完成六大重点任务和六大重点工程。

着力推动六大重点任务落实。一是优化总体功能布局。按照“河为线，城为珠，珠串线，线带面”的思路，围绕大运河沿线 8 省市，优化形成一条主轴凸显文化引领、四类分区构筑空间形态、六大高地彰显特色底蕴的大运河国家文化公园总体功能布局。二是阐释文化价值内涵。着力将大运河打造成为彰显千年历史的文化印记、滋润美好生活的文化力量、凝聚民族精神的文化精髓，大力弘扬大运河所蕴藏的追求统一民族团结、勤劳勇敢自强不息、开放包容兼收并蓄、人与自然和谐共生等时代精神。三是加大管控保护力度。从明确管控保护要求、全面强化保护措施、显著提高保护水平等方面，提出建设管控保护区的主要考虑，明确重点管控保护对象。四是加强主题展示功能。从构建多维展示格局、健全综合展示体系、丰富展示体验方式等方面，细化建设主题展示区的相关任务。五是促进文旅融合带动。从加强优质产品开发、提升文旅发展质量、深化相关产业融合等方面，明确建设文旅融合区的具体举措，并用专栏提出文旅融合平台建设重点。六是提升传统利用水平。从保存传统文化生态、推动发展绿色产业、规范生产经营活动等方面，构建推动传统利用区发展的策略路径。

全面加快六大重点工程实施。一是保护传承工程。重点推动建设一批重要遗址遗迹保护利用设施、一批大运河系列主题博物馆和特色专题文博场馆、一批特色古镇古村、一批红色纪念设施，并推进国家级非物质文化遗产保护传承利用。二是研究发掘工程。重点打造高水平大运河研究平台，出版一批展现大运河文化价值和精神内涵的代表性出版物和重点文艺作品。三是环境配套工程。重点推动建设一批以文化生态要素为核心的文化生态公园，打造融交通、文化、体验、游憩于一体的复合廊道，打造滨河生态屏障，并全面实施水环境监测治理。四是文旅融合工程。着力培育具有国际影响力的大运河文化旅游品牌，打造省域及跨省大运河文化旅游精品线路，办好大运河特色主题活动。五是数字再现工程。重点提升大运河国家文化公园主题展示区数字基础设施，建设大运河国家文化公园官方网站、数字云平台、数据管理平台等。六是对外交流工程。以运河文化研究、保护、传承、利用为载体，积极推动国际运河文化交流合作，构建多种形式的对话交流平台，准确解读建立大运河国家文化公园的价值内涵和重要意义，利用国际通行语言体系讲述大运河文化，彰显大运河价值。

图 5-7 《中国运河志》出版发布会现场

100

在文旅融合背景下，运河旅游产品该如何进行开发？

大运河旅游具有线路长、景点多、景点文化背景丰富多样的优势，因此在开发运河旅游产品时，要注重文化与旅游的深度融合，将运河文化资源优势转化为文旅融合发展优势。注重运河物质遗产和非物质遗产交相辉映，从而扩大游客的感官刺激范围，让游客从视觉、听觉、嗅觉、味觉 4 个维度来体验运河文化。具体可以推出以下 5 个方面的运河旅游产品。

一是展示式旅游。除了让游客坐在船上看运河外，还可以让游客登上运河大桥看浩大壮观的船队，欣赏船队过船闸的景象；让游客走近古闸坝、古码头，体味先民们的创造力；让游客走进皇帝行宫，了解古代帝王利用运河铸造的辉煌；让游客游览园林、古宅、会馆，学习古人的建筑技艺。

二是体验式旅游。古人是怎么行船的？古代运河漕船是怎么过闸的？让游客通过亲身体验了解这些知识，这就是体验式旅游。对于地处嘉兴长安古镇的长安闸，可组织过运河澳闸的体验之旅，让游客了解古人如何在生产力不发达的条件下，利用澳闸这一技术，实现船舶过闸和保水的双重功效。还可以打造运河美食之旅，如到邵伯古镇品尝邵伯小龙虾、邵伯湖湖鲜，到微山湖中的南阳古镇品尝鲁南水乡宴等。

三是运河水上旅游。可以做优城市停航河道的古运河游览线，针对目前陆路交通较为拥堵的现状，开通运河水上巴士。也可以做活长线的运河水上旅游，做到文旅融合。充分利用运河中船的功能，让游客能够无遮挡地欣赏两岸的美丽风景。船内也可以提供住宿和娱乐活动，让游客观看昆曲、古琴、古筝、评话弹词等非遗表演。这不仅能充分体现大运河作为线

图 5-8　运河游轮上的非遗表演

性文化遗产的特征，保证旅游的连续性，而且能让游客更好地感受大运河与沿岸城市的密切联系。

四是运河生态游。大运河沟通了我国几大淡水湖，有众多湖泊河流、水面湿地，是一个巨大的生态调节系统。这是运河生态旅游的重要资源。游客可以在大运河畔参观运河故道，欣赏河湖风光，如夏夜在纯自然生态条件下看湖面上纷飞的萤火虫，白天赏荷花、尝湖鲜。

五是网上游运河。可以围绕大运河遗产实施“互联网 + 中华文明工程”，开发畅游运河遗产 GIS 专题移动终端系统，通过移动化技术手段展示运河的历史面貌，让游客通过手机 APP 就能查阅到运河遗产相关情况，并在电子信息系统引导下，顺利抵达遗产点参观游览。

六是运河古镇游。大运河沿线有众多古镇。可以根据各个古镇特点，分别打造不同的运河古镇旅游点，逐步恢复古镇老街上的老字号店铺，再现当年运河名镇船舶往来、桨声绵绵的情景，进而串联成一条综合展示运河风貌、传统民居，打造承载记忆、回味乡愁的文化旅游精品线路。

图 5-9 苏州平望古镇游

101

在大运河国家文化公园建设中如何传承文化基因？

彰显千年历史的文化印记　大运河在漫长的发展过程中，见证了国家历史的兴替和文明的演进，其沿线的文物遗存、水工遗存、运河附属遗存及其他关联遗存，形成了大运河千年历史的真实文化印记。对于这些以“物”为基础的文化，要摸清资源家底，加强其真实性、完整性的保护，并通过对它们的挖掘和展示，使人们充分了解运河沿线具有突出地域人文特征和时代特色的漕运文化、水利文化、船舶文化、商事文化等，系统认知周边城乡与运河关系的发展脉络，深入感受运河的伟大历史，为人们呈现大运河国家文化公园建设保护的良好肌理。

滋润美好生活的文化力量　大运河沿线的手工技艺、工程技术、戏曲文艺、生活习俗、传统节日、餐饮习惯、礼仪规制等各类非物质文化遗产和传统习俗，是时至今日仍在影响沿线居民日常生活的文化力量。对于这些以“人”为基础的文化，要准确认识其对形成共建共治共享社会治理格局的重要意义，加强记录保存，取其精华、传其精髓，倡导教育实践，强化古为今用，重塑活态传承、创新发展的社会环境和文化空间。通过将这些非物质文化遗产有效融入大运河沿线居民的生产生活，形成迎难向上的智慧品格及和谐向善的社会氛围。

凝聚民族精神的文化精髓　历经千年的大运河在推动南北融合、东西交汇、中外交流过程中，逐步凝练、升华形成了独具特色的文化精髓和价值理念，它们是中华民族伦理道德、理想信念、情感性格的集中体现，是涵养社会主义核心价值观的精神源泉。对于这些以“精神”为基础的文化，要强化精神内涵挖掘，结合时代背景加以继承和发扬，赋予其新的时代意义和文化价值，与时俱进、集成创新，使人们能够深刻认识和理解、自觉传承和弘扬，不断增强凝聚力和向心力，更加精神饱满地投入到社会主义现代化建设中，讲好中国故事、传播中国声音，让中华文化展现出时代风采和持久魅力。

参考文献

[1] 国家文物局 . 中国大运河申遗文本 [Z] . 北京，2013.

[2] 国家发改委 . 大运河文化保护传承利用规划纲要 [Z] . 北京，2019.

[3] 中共中央办公厅，国务院办公厅 . 长城、大运河、长征国家文化公园建设方案 [Z] . 北京，2019.

[4] 国家文化公园建设工作领导小组 . 大运河国家文化公园建设保护规划 [Z] . 北京，2021.

[5] 中共江苏省委宣传部 . 大运河国家文化公园（江苏段）建设保护规划 [Z] . 南京，2022.

[6] 俞孔坚，李迪华，李海龙，等 . 京杭大运河国家遗产与生态廊道 [M] . 北京：北京大学出版社，2012.

[7] 吴欣 . 中国大运河发展报告（2018）[M] . 北京：社会科学文献出版社，2018.

[8] 吴欣 . 中国大运河发展报告（2019）[M] . 北京：社会科学文献出版社，2019.

[9] 姜师立 . 中国大运河文化 [M] . 北京：中国建材工业出版社，2019.

[10] 张秉政 . 运河・中国：隋唐大运河历史文化考察 [M] . 北京：北京时代华文书局，2019.

[11] 王健，王明德，孙煜 . 大运河国家文化公园建设的理论与实践 [J] .

江南大学学报（人文社会科学版），2019，18（5）：42-52.
［12］吴丽云，常梦倩.国家文化公园遴选标准的国际经验借鉴［J］.环境经济，2020（3）：72-75.
［13］姜师立.运河学的概念、内涵、研究方法及路径［J］.中国名城，2018（7）：71-79.
［14］刘士林.中国大运河保护与可持续发展战略［J］.中国名城，2015（1）：24-27.
［15］李广春.让大运河文化活起来［J］.红旗文稿，2019（8）：28-31.
［16］李斗.扬州画舫录［M］.扬州：江苏广陵古籍刻印社，1984.
［17］姜师立，陈跃，文啸，等.京杭大运河历史文化及发展［M］.北京：电子工业出版社，2014.
［18］安作璋.中国运河文化史［M］.济南：山东教育出版社，2006.
［19］冯丽娜.京杭运河与我国南北音乐文化的交流传播［J］.济宁师范专科学校学报，2005（2）：9-11.
［20］中国戏曲志编辑委员会.中国戏曲志［M］.北京：文化艺术出版社，1996.
［21］李德楠.大运河［M］.南京：江苏凤凰美术出版社，2017.
［22］徐欧露.打造大运河文化带“金名片”［J］.瞭望，2017（36）：53-55.
［23］姜师立.论大运河文化带建设的意义、构想与路径［J］.中国名城，2017（10）：92-96.

名词索引

（按汉语拼音字母顺序排列）

后 记

这是笔者的第 17 本关于大运河的图书了。这本书通过一个全新的概念“大运河国家文化公园”来介绍大运河。《大运河国家文化公园 100 问》作为一本通俗易懂、图文并茂的大众科普读物，通过一问一答的形式，向大众普及大运河文化和大运河国家文化公园的相关知识，向全社会广泛宣传大运河国家文化公园建设的起源、目标和主要内容，使更多人对大运河文化和大运河国家文化公园建设有更加深刻的了解。

本书设定了 100 个左右的问题，同时根据内容需要附加一些延伸阅读，以让读者了解有关问题背后的知识。本书以文化为主线，主题灵动，史料丰富，既有时代气息，又有历史厚重感，可读性强，读者可以在感性和理性两方面深刻认识大运河在经济发展、风土人情、民族智慧、国际交流、传承保护等方面孕育的强大的文化力量。本书在行文中融入了笔者多年的研究成果和独特的学术观点，丰富了人们对大运河历史作用、现实价值，以及大运河国家文化公园的理解，从历史文明、文化艺术、科学技术、绿色生态和时代精神等层面解读大运河丰富而多元的内涵，为读者开启了重新认识大运河的独特视角。

笔者在本书的写作过程中得到了张谨、赵云、黄晓帆、吴育华、荀德麟、李广春、王洁、陈峰等在资料收集与分析方面的大力帮助，得到了吴益群、周泽华、赵辉、丁华、董辉、刘江瑞、张卓君、萧加、丁春晴、殷国栋、靳国君、王立生、蔡以忠、蒋永庆、贾丽琴、孙万刚、司新利、李斯尔、孟德龙、陆启辉、张明、韩绪南等个人，以及北京市通州区文化馆、中国文物学会会馆专业委员会等单位在图片、制表等方面的大力帮助，在此一并表示感谢。

执此一卷，文图结合，让我们轻松走进大运河国家文化公园。

姜师立
2023年3月